朝日新書
Asahi Shinsho 868

いのちの科学の最前線

生きていることの不思議に挑む

チーム・パスカル

朝日新聞出版

はじめに

本書は、研究者が書いた本ではない。案内役を務めるのは、理系ライター集団「チーム・パスカル」だ。メンバーには文系も理系もいるが、現役の研究者はいない。研究に関しては素人である。だが、わたしたちは、長年、研究所や理系企業の取材・インタビューを手掛け、研究者たちの言葉や思いを、専門的な知識を持たない人へ届けてきた。

書いて伝える専門家であるライターと、研究の専門家の緊密なコラボレーションによって、とれたての研究の最前線を、ディープに、しかも分かりやすくお届けすること。それが本書のミッションである。

研究の最前線のディープな内容なんて、わざわざ知る必要がない——そう思った人のために、少しだけ、個人的な話をさせてほしい。

理系の進路を選んだわたしは、高校で物理・化学を選択し、生物という学問を捨てた。そのことに対して、何の未練も感じなかった。生物は退屈な暗記科目だと思っていたからだ。

でも、ある日、細胞の中でエネルギーをつくっているミトコンドリアが、大昔は別の生物だったと書いてある本に出会って衝撃を受けた。わたしたちの祖先は、ミトコンドリアの祖先を体内に取り込み、共生したことで生き延びて、ここまで繁栄することができたのだという。

嘘でしょう?

宇宙人は実は地球にすでにいて人間に交じって暮らしている、と言われたような、いや、それ以上の驚きだった。大げさに言うと、「自分」が何者なのかが分からなくなる感覚だった。

周りの人たちにその衝撃の事実を熱弁したが、冷ややかな反応しか返ってこない。なぜならそれは、高校の生物の教科書に載っている基礎的な知識だったからだ。高校生のときに生物を選択した人にとっては、何を今さら驚いているのかとあきれる話だったのだ。

今でも当時の気持ちをありありと思い出せる。大人になって知ったからこそ、あれだけ強い印象を受けたのだろう。そのときわたしは22歳で、世界のことはひと通り知っていると思っていた。それなのに、新しく手に入れた事実は、わたしが知っていると思っていた世界の壁をぶち壊した。

壁がなくなると、そこには見たこともない世界が広がっていた。

自分がさらに広大な世界の一員であることに初めて気づき、自分が知っていることはほ、、、とんどないということを思い知った。

だが、その広々とした世界にもやっぱり壁がある。

その壁を、毎日、コツコツ穿《うが》ち続けている人がいる。

研究者と呼ばれる人たちだ。

彼らほど、「自分が知っていることはほとんどない」ということを、心の底から痛感している人はいない。なぜなら彼らは、自分が苦労して開けた小さな壁の穴から、その先の世界を見ることになるからだ。

そんな研究者たちに取材して、壁の穴から覗いた世界について語ってもらうたびに、ミトコンドリアの正体を知ったとき以上の驚きに包まれる。それは他のパスカルメンバーも同様である。

その衝撃を、本書を通して共有したい。

自分の知っていることは、ほとんどない——そう痛感する清々しさを、ぜひ味わってほしいのだ。

本書では、「いのち」をテーマに、さまざまなジャンルを取り上げた。順番にこだわらず、興味のある章から読んでもいいし、難しいと思ったところは飛ばし読みをしてもらってもいい。ただし、常識外れの新事実を受け入れるために、柔軟さと好奇心を用意しておくことをお勧めする。

どのような内容か、少しだけ予告させてほしい（かっこの中は取材した研究者の名前）。

Ⅰは「進化の衝撃」と題して、生物たちが子孫を繁栄させるために取った、驚くべき戦略を紹介する。皆さんは次のような事実をご存じだろうか。

・ほ乳類は、Y染色体があるだけではオスにはなれない（立花誠氏）。
・わたしたちは腸内細菌がいないと生きていくことはできない（後藤義幸氏）。
・迷路を解く粘菌がいる（中垣俊之氏）。

Ⅱで紹介するのは「細胞のドラマ」だ。いのちという劇のメインキャストを務める細胞たちは、悲喜こもごもの様相を見せてくれる。他を生かすために跡を濁さず死んでいく細胞もいれば（清水重臣氏）、免疫反応が暴走して本来守るべき身体を傷つけてしまう細胞もいる（竹内理氏）。生きるために欠かせない酸素は細胞を傷つける危険物を生み出してしまうし（本橋ほづみ氏）、自己を攻撃する細胞が脳に侵入することもある（村上正晃氏）。

コンピュータの性能が上がったことで、いのちの仕組みの解析も進化する。Ⅲは「コンピュータで解く生命」と題し、DNA上に隠されている創薬のヒントを探索する中谷和彦氏と、細胞の小さな部品であるタンパク質の構造をシミュレーション計算によって明らかにしようとしてきた中村春木氏を取り上げた。

最後のⅣだけは、生命科学の研究ではない。臨床心理学による「こころ」の研究だ。河合俊雄氏を取材した。なぜ、こころの研究がこの本の中にあるのか、それはぜひ読んで確かめてほしい。

いのちというやつは精密なくせに、同時に妙な「バグ」も持っている。そして知れば知るほど、謎めいてくる。この本を読み終わったときに、いのちとは何かが分からなくなったとしたら、本書のミッションは成功である。

チーム・パスカル　寒竹泉美

いのちの科学の最前線

生きていることの不思議に挑む

目次

I　進化の衝撃

II 細胞のドラマ

清水重臣 教授
東京医科歯科大学 難治疾患研究所

5 敵にも味方にもなる免疫機構を見極める 109

竹内 理
京都大学大学院 医学研究科 教授

Ⅲ　コンピュータで解く生命

9　タンパク質探究で生命現象の源へ　189

中村春木　大阪大学名誉教授

Ⅳ　こころといのち

I

進化の衝撃

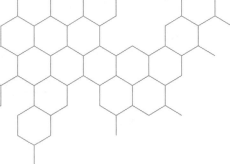

1

酵素の研究が解く「性」のグラデーション

立花 誠 教授
大阪大学大学院　生命機能研究科

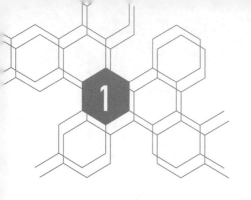

撮影／楠本　涼

立花 誠（たちばな・まこと）

1967年生まれ。1990年東京大学農学部卒。1995年、東京大学大学院農学生命科学研究科修了。博士（農学）。三菱化学生命科学研究所ポスドク、日本ロシュ株式会社研究所研究員、京都大学ウイルス研究所助手、同准教授、徳島大学疾患酵素学研究センター教授、同大学先端酵素学研究所教授を経て、2018年10月より現職。

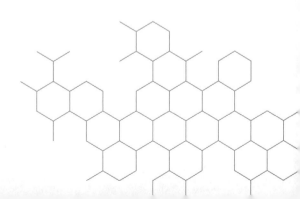

ほ乳類のオスをつくるために必要な酵素を発見

生まれた後に、周りの環境に合わせて性を変える魚が存在する。成長した後に、誕生時とは異なる性に転換するのである。

オレンジ色の体に白い縞模様が入ったカクレクマノミは、性が未成熟な仲間と群れをつくってイソギンチャクの中で過ごすが、のちに一番大きく成長した個体がメスになり、二番目の個体がオスになる。その後、メスが死んでしまうと、今度は二番手の大きさだったオスがメスに性転換する。そして、次の大きさの個体がオスになる。

高級魚として有名なハタやクエの仲間も性転換する。彼らの場合は、生まれたときはすべてメスだ。生き延びて大きくなった個体だけが、オスになる。

このように性転換する魚は、かなりの種類が知られている。これらの魚の性は、成長の過程で臨機応変に変更可能なものなのだ。

では、我々ほ乳類の性は、いつ決まるのだろうか。

生物学を学んでいない人でも、X染色体とY染色体という言葉は聞いたことがあるだろう。染色体というのは、いわばＤＮＡの収納セットだ。

ＤＮＡは生物が生きていくのに必要な情報がすべて書かれた設計書で、紐のように長く連なっている。ヒトのＤＮＡをすべて一列につなぐと２メートルの長さになると言われているが、これが細胞の中の、わずか６マイクロメートルの直径の核の中に収められている。１マイクロメートルは、１００万分の１メートルだ。もう少し、実感できそうなスケールで説明すると、２キロメートルの紐を直径６ミリの球に収納する。これが、ＤＮＡと核の関係である。

しかも力任せに押し込めるわけにはいかない。ＤＮＡにはたくさんの遺伝情報が書かれている。必要な遺伝情報を必要なときに読み取らなくてはならない。絡まってほどけなかったり、切れたりしては困るので、ＤＮＡを「ヒストン」というビーズのようなタンパク質に巻きつけて、コンパクトに折りたたんでおく。これが染色体だ。１セットでは収まりきらないので、生物はＤＮＡの収納セットである染色体を複数持っている。

大きな図書館をイメージしてほしい。これが核だ。そこには本棚がいくつかある。これが染色体だ。本棚には本がぎっしり収まっている。個々の本が遺伝子で、そこに書かれている文字がＤＮＡだ。

ヒトの場合、染色体は46本なので、46個の本棚に遺伝子本がぎっしり収められている様子を思い浮かべてほしい。ほとんどの本棚には１０００冊ほどの遺伝子本が収められている。本棚のうち、２個が性決定に関わる「性染色体」だ。性染色体にはＸ染色体とＹ染色体の二種類があり、ヒトを含むほとんどのほ乳類は、性染色体の組み合わせがＸＹだとオスになり、ＸＸだとメスになる。このことから、Ｙ染色体という本棚には、オス化を促すための遺伝子本が収納されていると考えられてきた。１９９０年になり、オス化を促す遺伝子本の強力な候補として「ＳＲＹ《エスアールワイ》」と命名された遺伝子が発見された。

ＳＲＹ遺伝子はヒトを含むさまざまなほ乳類のオスだけに存在していた（ただし、マウスのＳＲＹ遺伝子はＳｒｙ遺伝子と表記される）。翌年の１９９１年には、本来メスになるはずのＸＸマウスにＳｒｙ遺伝子を導入すると、そのマウスがオスになることが報告された。この研究により、Ｓｒｙ遺伝子がオス化遺伝子の実体であることが証明された。

ＳＲＹ遺伝子の発見で、性決定の仕組みの謎はすべて解決したかのように思えた。だが、そうではなかった。立花氏の研究グループは２０１３年に、マウスのＳｒｙ遺伝子の働きを調節する酵素「Ｊｍｊｄ１ａ《ジェーエムジェーディーワンエー》」を発見し、科学分野のトップジャーナルの一つである英科学誌『サイエンス』に発表したのである。

ＳＲＹ遺伝子が存在するだけではオスにはなれないという発見は、研究者たちに衝撃を与えた。ほ乳類の性も受精した瞬間ではなく、受精後に決定されるのである。立花氏のこの研究成果は日本の新聞やテレビなどでも大きく取り上げられ、「オスをつくるために必要な酵素の発見」と報じられた。

精巣と卵巣を持つ「オス」マウスの誕生

立花氏が、Ｊｍｊｄ１ａを発見したのは、全くの偶然だった。

以前よりＪｍｊｄ１ａは、マウスの精子がつくられるときに多くつくられる酵素として知られていた。立花氏がＪｍｊｄ１ａに注目したのは、Ｊｍｊｄ１ａが精子形成にどのように関与するかを調べるためだった。

「Ｊｍｊｄ１ａの働きを調べるために、Ｊｍｊｄ１ａをつくる遺伝子を壊した『ノックアウトマウス』の作製に挑戦しました。しかし、作製完了まであと一歩というところで、海外の研究グループに先を越されてしまいました。ノックアウトマウスを作製してＪｍｊｄ１ａと精子形成の関係を調べた研究成果が発表されてしまったのです。私たちのアプローチと全く同じ方法でした。論文を見つけたときは途方に暮れましたね、これから先は何をやったらいいのかと」

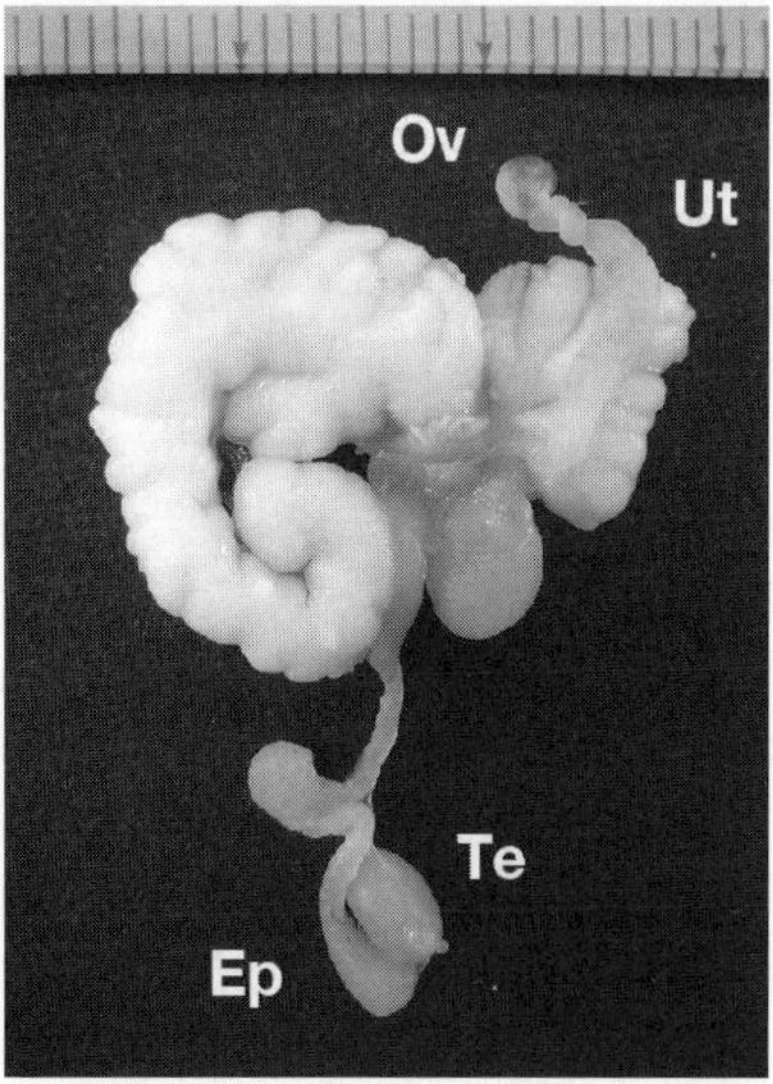

オスの特徴である精巣（Te）と精巣上体（Ep）、メスの特徴である卵巣（Ov）と子宮（Ut）の両方を持つマウスの生殖器。（立花氏提供写真）

ところが、作製したノックアウトマウスをよく観察すると、奇妙な現象が起きていた。「通常、マウスはほぼ１対１の割合でオスとメスが生まれてきます。ですが、ノックアウトマウスから生まれた１１１匹のマウスのうち、87匹がメスの姿をしていました。８割近くがメスだったのです。

これはおかしいと思い、マウスを解剖してみると、オスの姿をしているマウスの中に、オスとメスの両方の生殖器を持つマウスを発見しました」

何か妙なことが起きている。そう感じた立花氏は、ノックアウトマウスの染色体を調べた。染色体の組み合わせは、メスになるはずのXXが53匹、オスになるはずのXYが58匹。これだけ見るとほぼ1対1だ。だが、Y染色体を持っているマウスの中には、卵巣を持って完全にメス化した個体が34匹、卵巣と精巣を両方持つ個体が7匹いた。

立花氏は、慎重に実験を重ね、精子形成に重要だと考えられていたJmjd1a遺伝子が、性決定にも大きく関わっていることを証明した。

ところで、精子形成の研究で先行した海外の研究グループも、同じノックアウトマウスを作製したはずだ。どうしてメスが多く生まれる現象に気づかなかったのだろうか。精子形成のメカニズムについての発見を発表できたことに安心して、見落としてしまったのだろうか。

素朴な疑問をぶつけると、立花氏は「私たちはたまたまというか、偶然に助けられました」と微笑んだ。

実は、両グループの結果の違いを生んだのは、実験のために選んだマウスの種類だった。「彼らが実験に使ったマウスは、私たちが使ったマウスの系統と比べて、Ｊｍｊｄ１ａをノックアウトした影響が現れにくい系統だったのです。私たちが用いた系統では、Ｙ染色体を持ちながらメスの姿になる割合は８割近くになりましたが、彼らが用いた系統では５％以下でした。８割もメスが多ければ、異変に気づきますが、５％では分かりません。オスとメスの比に特に変化がなければ、わざわざ性染色体を調べたりはしないでしょうからね」

新発見とは、案外偶然から生まれているものなのだ。もちろん、偶然のシグナルをキャッチするためには、日々の努力と観察眼が必要だろう。さらに、論理的に考えることが大切だ。実験を正しく積み重ねた結果が、これまで考えられてきたことと矛盾する。そんなときこそが、思い込みや常識の殻を破るチャンスなのだ。

遺伝子を調節する「エピジェネティクス」

Ｊｍｊｄ１ａ酵素は、どのようなメカニズムでＳｒｙ遺伝子の働きを調節しているのだろうか。

それを理解するためには「エピジェネティクス」という概念を知る必要がある。

エピジェネティクスとは、「後からの」という意味の接頭語「エピ（epi-）」と、「遺伝学」を意味する「ジェネティクス（genetics）」を組み合わせた語である。

DNAの配列は受精したときに固定され、それは一生変わらない。しかし遺伝子の使い方は後から決めることができる。エピジェネティクスは、このような細胞の柔軟なシステムのことである。

先ほどの本棚の喩えを思い出してほしい。棚（染色体）にたくさんの本（遺伝子）が収まっている。さらに、棚に小さなふたをたくさんつけてみよう。本棚というより、コインロッカーのほうがイメージしやすいかもしれない。ふたはいくつもあって、しっかりと鍵がかかって閉まっている場所もあるし、開きっぱなしのところもある。

読みたい本を読むためには、本が収まっている場所のふたが開いている必要がある。逆に言えば、本棚のふたの鍵を開けたり閉めたりすることで、本を取り出せるかどうかを制御できる。すなわち、遺伝子の働きをオンにしたりオフにしたりできるのである。

鍵を開けたり閉めたりする体内の部品が、Ｊｍｊｄ１ａなどの酵素である（酵素は体の中の化学反応を助ける物質で、タンパク質でできており、さまざまな種類が存在する）。

Ｊｍｊｄ１ａは、Ｓｒｙ遺伝子が収まっているふたの鍵を開ける。立花氏の実験ではＪｍｊｄ１ａをつくる遺伝子をノックアウトしたマウスを作製した。そうすると、Ｊｍｊｄ１ａがつくれないのでＳｒｙ遺伝子の収まっている場所のふたが開かない。となればＳｒｙ遺伝子が働けないから、マウスはオスになることができない。

ふたを開ける酵素があれば、閉める酵素も存在する。それが「Ｇ９ａ／ＧＬＰ複合体」という名前の酵素だ。

ふたの開け閉めをもう少し科学的な言葉で言うと、Ｊｍｊｄ１ａはＤＮＡを巻きつかせているヒストンタンパク質を「脱メチル化」し、Ｇ９ａ／ＧＬＰ複合体はヒストンタンパク質を「メチル化」する。メチル基という小さな構造を付箋のように付けたり外したりすることで、性は制御されている。

さらに、立花氏は、マウスがオスになるかどうかは、付いているメチル基の量によって決まることも突き止めた。通常の状態では、Ｇ９ａ／ＧＬＰ複合体がヒストンをメチル化し、それをさらにＪｍｊｄ１ａが脱メチル化する。それによって、Ｓｒｙ遺伝子のスイッチがオンになり、マウスはオスになる。ところがＪｍｊｄ１ａノックアウトマウスだと、Ｇ９ａ／ＧＬＰ複合体によってヒストンがメチル化されたままになるため、Ｓｒｙ遺伝子は働かず、マウスはオスになれない。

また、Ｇ９ａ／ＧＬＰ複合体の働きを弱めてメチル化を抑制すると、Ｊｍｊｄ１ａがなくてもＳｒｙ遺伝子のスイッチがオンになり、マウスはオスになる。

このようにさまざまなノックアウトマウスを観察していると、ときとして、オス型の細胞とメス型の細胞が混在している生殖腺を持つ個体が現れた（このような卵巣とも精巣とも言えない生殖腺は、卵精巣と呼ばれている）。

その状況をつぶさに観察するうちに、立花氏の性の捉え方に変化が起きた。

「性はオスかメスかの二項対立で決まるのではないのかもしれません。オスとメスの間に、中間的な性の状態がグラデーションとして存在する。すなわち、性の実態は連続した状態なのではないかと考えるようになりました」

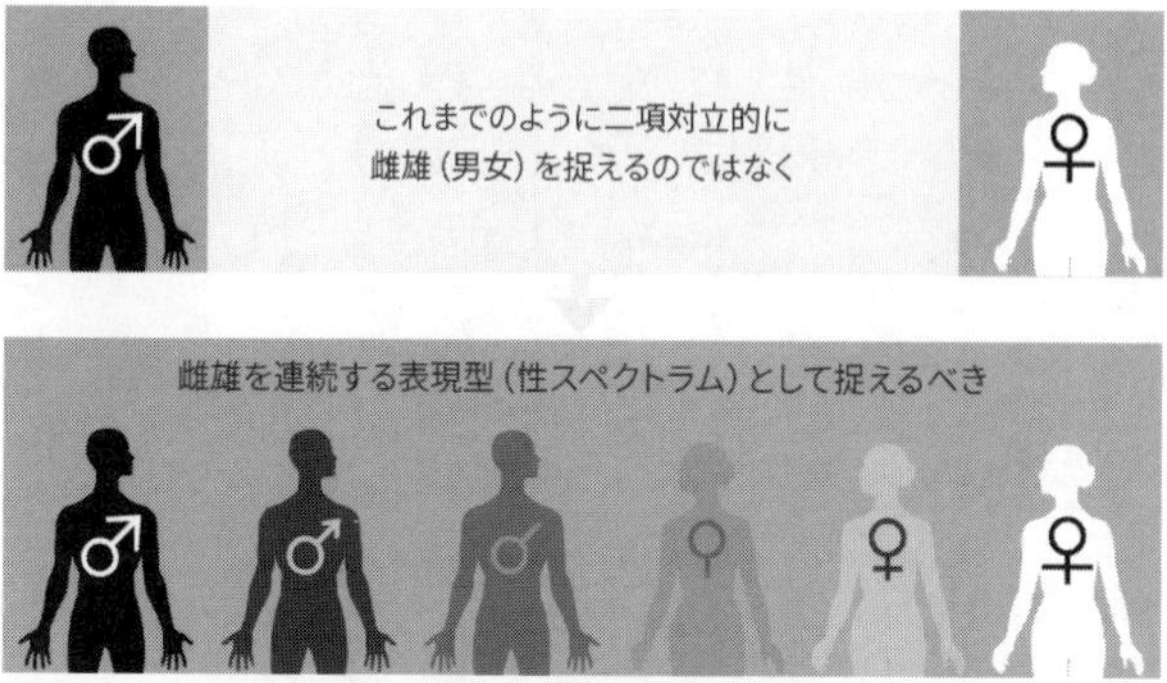
これまでのように二項対立的に
雌雄（男女）を捉えるのではなく
雌雄を連続する表現型（性スペクトラム）として捉えるべき

性スペクトラムの概念。典型的な雌雄だけではなく、雌に近い雄、雄に近い雌など、間の性が存在する。（立花氏提供図版）

グラデーションで捉える「性スペクトラム」

ヒトの場合も、性染色体がＸＸＹ型で生まれたために精巣が十分に成長できない症例や、性ホルモンを受け取る受容体がないせいで、ＸＹ型なのに女性の身体に近い特徴を持っているケースなど、性の線引きが難しい場合がある。しかし、性の線引きが難しいのは、これまで「症例」として知られているケースだけではないかもしれない。たとえば、典型的な男性・女性の枠に収まらないヒトの存在は昔から認識されてきたし、自然界に目を向ければ、多くの動物種で、メスのような外見や行動を示すオスや、精巣と卵巣を同時に持つ個体などが見つかっている。

性の実態は連続した状態なのだろうか。この仮説を検証するため、立花氏は、2017年に新学術領域研究「性スペクトラム——連続する表現型としての雌雄」という研究プロジェクトを立ち上げた。

「スペクトラム」とは、境界のない連続した状態を指す言葉である。このプロジェクトの最もユニークな点は、オス化の程度やメス化の程度を定量的に把握しようとしていることである。その中で立花氏が目指すのは、Jmjd1aやG9a／GLP複合体を活用し、メチル化・脱メチル化を指標として性スペクトラムを定量化することだ。

「酵素は温度や薬剤などの外的要因によって働き方が変わります。性決定が環境によって変わりうるのか、変わるとしたらどのように変化するのかを調べています。ただ、ほ乳類の性決定が、なぜこのようなエピジェネティックな調整を受けているのかは全くの謎です。いずれはその謎を解き明かしてみたいと思っています」

SRY遺伝子はヒトを含むほ乳類すべてに存在する。おそらくヒトでもマウスと同じような現象が起きていると予想されるが、それを実験的に調べることは、倫理的に難しい。だが、性の実態がスペクトラムであると証明できれば、性についての見方は大きく変わる。

本プロジェクトは２０２１年度で終了となったが、多数の研究成果を残しただけでなく、「性スペクトラム」という概念がニュースやテレビ番組などで取り上げられ、反響も呼び起こした。

ウイルスがオスの消滅を阻止したのかもしれない

性決定遺伝子の謎はこれですべて解決した、と立花氏は思わなかった。Ｓｒｙ遺伝子の調整の仕組みをさらに知るために、Ｓｒｙ遺伝子が働いて性が決定される時期に、どのように他の遺伝子が働いているのかを調べることにした。

「マウスのＳｒｙ遺伝子が働くのは、受精後11・５日という限られた時期だけです。また、Ｓｒｙ遺伝子が働いている細胞も限定されています。そのため、これだけ有名な遺伝子なのにもかかわらず、Ｓｒｙ遺伝子が働いている時期の細胞の様子はあまり調べられていませんでした。私たちは、Ｓｒｙ遺伝子が働いている細胞を効率よく集める方法を開発し、『次世代シーケンサー』という装置で遺伝子解析を行いました。その結果、Ｓｒｙ遺伝子の近くの配列から、見たこともないＲＮＡがつくられていることを見つけました」

見たことがないＲＮＡの存在は、何を意味するのか。遺伝子がＤＮＡ上に書かれた情報だとしたら、ＲＮＡは遺伝子の情報を写し取ったタンパク質の注文票だ。ＲＮＡが見つかるということは、その遺伝子のスイッチがオンになって働いている証拠なのだ。

それらの配列が何をしているのかは分からない。だが、何か重要な働きをしている可能性がある。そのように考えた立花氏は、共同研究者の宮脇慎吾氏にこの配列を削ったノックアウトマウスの作製を依頼した。もし、これが重要な働きをしている配列なら、ノックアウトしたマウスの性に何か影響が出るはずである。

だが、このノックアウトマウスの作製は、非常に困難だったという。なぜだろうか。

「難しかった理由の一つは、狙っている配列がＳｒｙ遺伝子の前にも後にもあったことです。どちらかだけを削ろうとすると、高い頻度で両方削られてしまい、挟《はさ》まれたＳｒｙ遺伝子まで欠損してしまいます」

さらにもう一つ、実験を困難にした原因があった。

「ノックアウトの影響を見るためには、その操作を行ったマウスの孫の代で結果を判定する必要がありました。ノックアウトがうまくいくかどうかは確率的なものです。さらに、その結果が分かるのは操作をしてからおよそ5カ月後なのです。非常にストレスフルな実験でしたが、宮脇さんは『日頃の行いが良ければ必ず取れる』と自分に念じて格闘してくれました」

宮脇氏の努力と技術のおかげで、無事に狙い通りのノックアウトマウスを作製できた。驚いたことに、その見たこともないRNAをノックアウトしたマウスは、XY型の染色体を持っているにもかかわらず、すべてメスになった。

いったい、このRNAは何をやっているのだろうか。

詳しく調べてみると、このノックアウトマウスでは、これまで知られていたSry遺伝子のRNAの量は減っていなかった。Sry遺伝子の働きは抑えられていない。しっかり働いている。それなのに、オスになることができなかった。この結果から言えることは、ノックアウトした配列の働きがオスになるために必須であり、これまで知られていたSry遺伝子の配列だけではオスにはなれないということである。

立花氏たちは非常に驚くと同時に戸惑った。

これまで知られていたSry遺伝子がオスの性を決めている張本人であることは、誰も疑いを挟まなかった。つまり、すでにSry遺伝子本は見つかって解決済みだと思われていた。だが、30年経って、実はSry遺伝子本には隠されていた第二巻があることが分かった。そこに、オスになるために必須の文字が書かれていたのだ。

未だに機能や構造の全容が解明されていない遺伝子は山ほどあるし、そういう遺伝子において過去の発見が覆ったのなら、それほど驚きはしない。だが、性決定遺伝子Sryは生命の根幹を成す遺伝子だ。これまで多くの研究者が研究してきたし、その構造はすでに解明されたものとして生物の教科書に載っている。

「私も含めて、マウスのSry遺伝子の全容がすでに解明されていることを疑う研究者はいませんでした。実は、後から改めて過去の研究結果をよく見ると、これまで知られていたSry遺伝子が単独で性を決定しているわけではない可能性を示唆するデータもありました。先入観にとらわれてはいけないということを痛感する出来事でした」

さらに詳しく調べていった結果、この見たこともないRNAから、新規のSRYタンパク質がつくられていることが分かった。つまり、Sry遺伝子は二種類のSRYタンパク質をつくっていたのである。立花氏はこれまで知られていたSRYタンパク質を「SRY

−S」、新たに発見したタンパク質を「SRY−T」と命名した。

SRY−Tタンパク質は、SRY−Sタンパク質とよく似ていた。タンパク質はさまざまなアミノ酸がつながってできているが、377番目のアミノ酸までが共通で、それ以降の十数個のアミノ酸だけが異なっていた。この違いが、タンパク質の違いを生んだ。SRY−Sタンパク質は分解されやすく、タンパク質の量がとても少なかった。一方で、SRY−Tタンパク質は分解されないため豊富に存在していることを突き止めた。すなわち、この見たこともないRNAによってつくられているSRY−Tタンパク質こそが、マウスの性を決定する真のオス化因子だったのだ。

この研究結果は2020年に『サイエンス』誌に発表された。周りの反応はどうだったのだろうか。

「科学者たちからは、高く評価していただきました。研究内容の発表を何度聞いても面白いという感想をもらえたときは、嬉しかったですね。ただ、やはり科学を専門にしていない人たちに伝えるのは非常に難しいと感じました」

そう言って、立花氏は苦笑する。

「テレビでも何度か取り上げていただいたのですが、『オスをメスにしたり、メスをオスにしたり、性転換させることが好きな研究者』のような紹介だったので、ちょっと残念でした」

そんな注目のされ方をしてしまうのは、マウスのオスが人工的な操作でメスになってしまうことのインパクトが大きいからだろう。性を操作できるということに、人々は本能的に危機感を覚えるのかもしれない。だが、立花氏の研究をもっと知れば、性を柔軟に決定する仕組みを持つ生物のたくましさに驚き、感動を覚えるはずだ。伝わらないのはあまりにももったいない。

エピジェネティクスによって性が決まるのなら、性転換をする魚の存在も不思議ではなくなる。子孫を残すという観点から見ると、状況に応じて性を転換させる生き方はとてもスマートな戦略だ。

もしかして、マウスがオスを決定する因子を二つ持っているのも、子孫を残すための戦略なのだろうか。そう尋ねると、立花氏は驚くようなことを口にした。

「今回見つかった配列は、大昔にＤＮＡに取り込まれたウイルス由来の配列だと考えられます」

突然ウイルスが登場して、戸惑う読者もいるかもしれない。マウスの話だけではなく、私たちのDNAにもウイルス由来の配列がまぎれ込んでいることは、多くの研究から分かっている。

ウイルスは他の生物の細胞に侵入し、自身の遺伝情報を細胞に読み取らせることで増殖していくが、細胞のDNAの中に入り込んで、そのままその生物のDNAの一部となってしまうことがある。もしウイルスが入り込んだ細胞が生殖細胞だったとしたら、ウイルスの配列が組み込まれたDNAは、子孫に代々伝わっていく。

このような現象はそれほどめずらしいことではない。それどころか、ウイルスの組み込みが、生物の体に突然変異を起こし、進化を引き起こした可能性も示唆されている。

「これは想像ですが、もともとはSRY-SだけがオスXの因子として働いていたと思います。それが何らかの原因でSRY-Sだけではオス化できなくなってしまった。オスがいなければ絶滅するはずですが、実際にマウスは生き残っています。おそらく、昔に取り込んだウイルス由来の配列を利用して、新たなオス化因子であるSPY-Tがたまたまできてしまった個体がいたのでしょう」

ウイルスのおかげで、マウスのオスは生き残った。ウイルスが、種の存亡の危機を救ったのだ。

X染色体に比べて、Y染色体は小さい。しかも進化の過程でどんどん短くなっている。いつかほ乳類のオスは消滅してしまうのではないかと心配する声もあるが、生物はそれほどヤワではない。私たちを勇気づけてくれるのが、Y染色体がなくなっても絶滅していないトゲネズミの存在だ。トゲネズミは日本にも生息する小さなネズミで、Y染色体は消滅しているにもかかわらず、オスは存在する。おそらく、Sry遺伝子の代わりになるような遺伝子を、Y染色体以外に獲得できたおかげで、種が消滅しなくて済んだのである。

はたして、ヒトのオスはどのような方法で消滅を免れるのだろうか。

最後に、立花氏に訊いた。いのちとは何だと思いますか——。

「どのようにして自分の遺伝子を残すか、そのためにどのようにして生き残るか。その戦略を日々発達させていくというのが、『いのち』なんじゃないかなという気がしますね。オスとメスをつくるのもそのためですし。あまりロマンチックな表現ではないですが」

いのちとは、戦略だ。生物はそれぞれに工夫された美しい戦略を繰り広げている。今後は、ほ乳類に限らず、さまざまな生物の性を扱ってみたいと話す立花氏。いのちの始まりである性の研究は、私たちの生命観を塗り替えてくれるかもしれない。

（取材執筆／寒竹泉美）

2

いかにして腸内細菌はヒトと「共生」するのか

後藤義幸 准教授
千葉大学　真菌医学研究センター感染免疫分野微生物・免疫制御プロジェクト

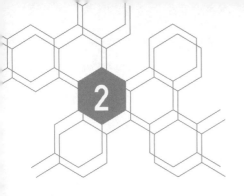

撮影／カケマコト

後藤義幸（ごとう・よしゆき）

1980年生まれ。2003年東北大学理学部生物学科卒業、05年同大学大学院生命科学研究科修士課程修了後、東京大学大学院医学系研究科博士課程に進学。2009年に博士課程修了。博士（医学）。東京大学医科学研究所炎症免疫学分野、コロンビア大学メディカルセンター微生物・免疫部門などを経て、2015年千葉大学真菌医学研究センター着任（東京大学医科学研究所兼任）。

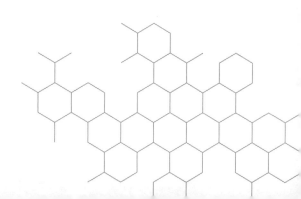

微生物が支えるヒトの「生」

私たちヒトは、無数の微生物とともに生きている。皮膚の表面や口・鼻・喉・消化管の粘膜など、ヒトの体のあらゆるところに多数の細菌がすみ着いている。なかでも多くの細菌がいるのが腸内だ。その数は100兆とも1000兆とも言われ、人体を構成する細胞の数、約37兆個よりはるかに多い。

「腸内細菌」の存在は、今や広く知られるようになった。だが、体内に自己ならざる生命体が生息していることは、実に不思議なことである。自己を防衛する免疫の働きにより、本来なら異物は排除されるはずだからだ。

千葉大学真菌医学研究センターの後藤義幸准教授は、腸内微生物と免疫の関係を研究している。微生物はいかにして腸内に生息しているのか。それが健康や病気とどう関わるのか。そのナゾを解くカギは、腸内に広がる豊かな生態系が握っている、と後藤氏は言う。

「腸内には、数百~1000種類にも及ぶ細菌がすみ着いています。それらは大きく三つのグループに分けられます。ヒトに有用な働きをする『善玉菌』、体に悪い影響を引き起こす『悪玉菌』、普段は何も悪さをしないものの、免疫力が低下すると悪影響を及ぼす『日和見菌《ひよりみ》』です。善玉菌の代表例はビフィズス菌や乳酸菌、悪玉菌の代表例がディフィシル菌やウェルシュ菌などです」

この「腸内細菌」は、近年さまざまなメディアで注目されている。ヒトの健康や病気と深く関わっていることが、数々の研究で明らかにされているためだ。

「健康なヒトの腸内にも、善玉菌と悪玉菌、日和見菌がバランスを保ちながら生息していますが、そのバランスが崩れると悪玉菌や日和見菌の働きが活発になります。この状態を『ディスバイオーシス』と呼び、それがさまざまな病気を引き起こしていることが明らかになってきています。腸の疾患や感染症だけでなく、生活習慣病やアレルギー、がん、精神・神経疾患といった病気にも、腸内細菌が関係していると報告されています」

さらに近年の研究では、腸内細菌が、個体の健全な成長に重要な役割を果たしていることが分かってきた。

「マウスを無菌状態で育てる実験では、個体が正常に生育しませんでした。腸管が変形し、免疫の働き方にも異常が見られました。おそらく私たちヒトも同様で、菌の存在を前提にして身体はつくられています。もしも腸内細菌が存在しなければ、私たちはまともに生きていくことができないと言ってもいいでしょう」

こうした一連の発見は、生命の「個体」に関する概念を大きく揺さぶった。ヒトは一個の独立した生命体であると思われていたが、実は無数の生命体の集まりだった。1958年に微生物の研究でノーベル生理学・医学賞を受賞したジョシュア・レーダーバーグ博士は、2000年に米科学誌『サイエンス』で、「スーパーオーガニズム（超生命体）」という言葉でこれを説明した。「人間はヒトの細胞と微生物で構成されているスーパーオーガニズム（超生命体）である」、と述べたのだ。

それを裏付ける発見も次々となされ、ヒトひとりの健康や病気についても、こうした微生物を含めた全体の「生態系」として捉えることが医学の世界では常識となりつつある。

「非自己」の存在を許す免疫の不思議

腸内には無数の細菌がすみ着いている。これは今では広く知られるようになった事実だが、ヒトの体の仕組みを考えると、実はとても不思議な現象だ。なぜならヒトを含む多くの生物は、体内に異物が入ってくるのを拒む「免疫」の仕組みを備えているからだ。体内に侵入してきた細菌やウイルスなどの異物は、免疫システムによって直ちに発見され、駆逐されるのである。

それなのに免疫を司る細胞（免疫細胞）は、なぜ、異物である腸内細菌の存在を許すのか——。後藤氏はその解明に挑んでいる。

そもそも免疫とはどのような働きなのか。「免疫の仕組みは、大きく二つのコンセプトで成り立っています」と、後藤氏は語る。

「まず重要なのは、『自己』と『非自己』の識別です。自分の細胞とそれ以外の細胞や物質を識別し、『非自己』を〝排除〟して『自己』を守っています。この働きがあるからこそ、細菌やウイルスに感染しても、それらを認識して撃退しようと試みます。なお、発熱や嘔吐・下痢などの感染症による症状の多くは、異物を排除しようとする免疫反応の現れです」

だが、特に腸内の免疫には、「非自己」を「排除」する以外にも重要な働きがある。それが、氏が掲げた「二つ目のコンセプト」だ。

「腸管では、特有の免疫システムが働いています。それは、多くの生物が〝食べる〟ことで生命を維持するのと深く関係しています。ヒトが食べるものは、基本的には植物や動物、要するに『非自己』です。それを胃腸などで分解し、腸から栄養素を摂取しています。この仕組みは、腸管免疫細胞の抑制の働きです。経口摂取されたものへの免疫反応が抑制されているのです。それを〝寛容〟といい、腸管免疫細胞は異物を見極めて、〝排除〟か〝寛容〟かの反応を変えています。さらに特有なのが、腸内に細菌をすまわせる〝共生〟の働きです」

免疫細胞はこのようにして、「非自己」である異物に対し、「排除」と「寛容」と「共生」を巧みに使い分けている。口から食べたものには、「排除」すべき微生物が付着していることもあるし、「共生」するべき微生物が付着していることもあるだろう。腸には食べものに付随して、実にさまざまな「非自己」がやってくる。それを絶えず選り分けるためだろうか、腸とは実に、体内の免疫細胞の6割もが集中する最大の免疫臓器なのである。

「共生」をめぐる腸の驚くべき働き

では、腸管免疫細胞は「非自己」をどのように識別し、「排除」「寛容」「共生」と反応を変えているのだろうか。

「その仕組みは、免疫細胞と腸内細菌の関係だけでは説明できません」、と後藤氏は言う。それに関わっていると思われるのが、腸の免疫機能を担うもう一つの重要な細胞組織である、「腸管上皮細胞」だ。

ここで「腸」という臓器について、詳しく見てみよう。一般的なイメージでは、腸は「体の中」にあると思われているが、その「腸の中」は、厳密には「体の外」にあたる。

口から食べたものは、食道を通って胃腸に届き、消化されて、胃腸の壁を通じて体内に吸収される。そして体内に吸収されなかったものの残滓《ざんし》が、肛門から排泄される。すなわち私たちヒトは、中央に穴が開いた「一本の長い管」でもあるのだ。マカロニのようだと言っても構わないだろう。

腸内の「上皮細胞」は、体内への異物（非自己）の侵入を阻む、第一の「関門」の役割

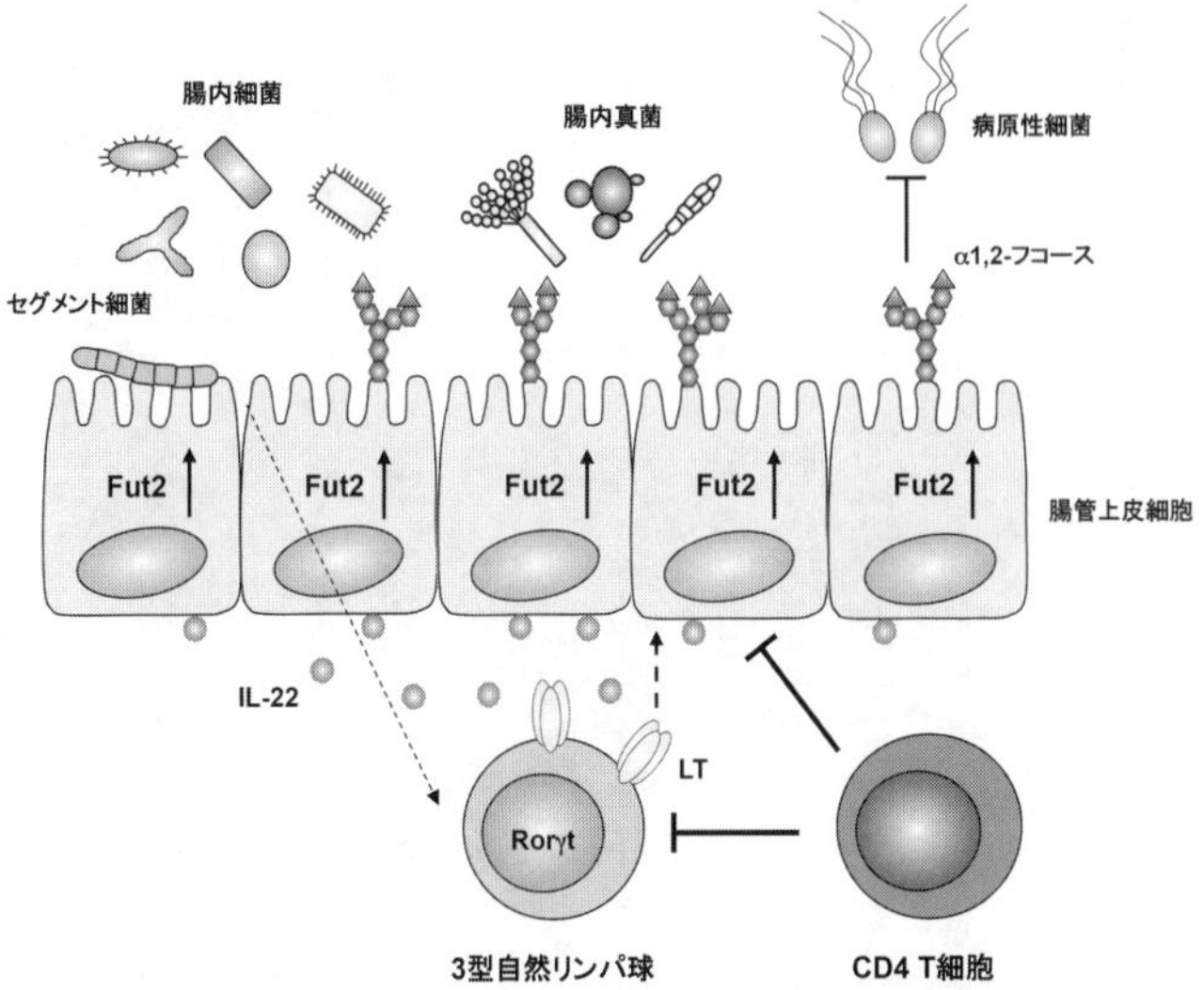

腸管上皮細胞と腸内細菌と免疫細胞。腸内細菌が免疫細胞に働きかけ、免疫細胞が腸管上皮細胞を刺激して、α1，2-フコースの発現を誘導する。Fut2とは、α1，2-フコースを糖鎖に付加する酵素のこと。（後藤氏提供図版）

を担う。上皮細胞は、腸だけでなく全身にある。体表を覆う表皮細胞や、腸管の表面を覆う腸管上皮細胞がその代表例だ。口から肛門までつながっている「管」の表面を覆う上皮細胞は、粘液を分泌したり、抗菌物質を産生したりして、異物の侵入を阻んでいる。そして腸管上皮細胞は、腸の最前線の防衛を担う。つまり、体内で最も日常的に異物と接している器官である。腸管に免疫細胞の6割が集中しているのも、そのためだ。

そうした背景から、後藤氏は、腸管上皮細胞表面の「糖鎖《とうさ》」という部分に着目した。この糖鎖の先端には「α1,2-フコース」と呼ばれる糖があり、この糖が、腸内細菌と宿主の生物の共生に極めて重要な役割を果たしている。

「腸内に共生している乳酸菌のような細菌は、『α1,2-フコース』を切り取って、それを自らの栄養源として利用しています。マウスを使った実験で1990年代に報告されましたが、このフコースが、腸内細菌の『共生因子』と考えられているのです」

さらに研究を推し進めた。腸管上皮細胞においてフコースが発現するメカニズムを調べたところ、実に興味深い事実が見えてくる。「生まれたときから無菌の環境下で育てたマウス」の腸管上皮細胞には、「α1,2-フコース」が存在しなかったのだ。多種多様な数多くの菌がいる通常環境下で育てたマウスにしか、「α1,2-フコース」は確認できなかったのである。いったいこれは、何を意味しているのだろう?

「通常の環境下では、食べものなどを介してマウスの腸内に細菌が侵入してきます。その細菌の中に、フコースの発現に関係するものがいると分かったのです。それらの働きによって、免疫細胞が上皮細胞のフコースを誘導します。なかには、そのフコースを自らのエサにする細菌もいれば、フコース発現を誘導はするもののエサとしては利用しない細菌もいます。さらにはフコース発現を誘導せずに、フコースを利用するだけの細菌もいたりと、多種多様な菌がいることが分かりました」

この「腸管上皮細胞の『α1，2-フコース』は、腸内細菌と免疫細胞の連携によって発現する」という発見をまとめた後藤氏の論文は、2014年に米科学誌『サイエンス』に掲載された。研究を始めて7年越しの成果だった。

しかも驚いたことに、その直後に二つの研究グループが、別の科学誌で同様の成果を発表したという。腸内細菌研究のライバルグループもフコースに注目し、同じ研究を同時期に進めていたのである。後藤氏は、タッチの差でその競争に先んじることができた。

興味深い事実は続く。「病原性細菌はフコースをエサとして利用することができない」。つまり、「フコースを利用できる細菌が腸内環境で有利になり、病原性細菌の繁殖を抑えていると考えられる」というのだ。後藤氏は言う。

「こうした一連の研究で、腸内細菌と免疫細胞、そして腸管上皮細胞の三つの細胞群が連携してフコース発現を誘導し、腸内細菌のバランスを保っていることが見えてきました」

腸の病気を決めるフコースのアメとムチ

その後、マウスによる実験では、「α1，2-フコース」が病原性細菌の排除に積極的に関わっている可能性も見えてきた。

「マウスの遺伝子を改変して、腸管上皮細胞で『α1，2-フコース』が発現しないようにしました。いわゆるノックアウトマウスによる実験です。するとそのノックアウトマウスは、通常のマウスと比べてサルモネラ菌に感染しやすくなったのです。おそらくサルモネラ菌の感染防御に、フコースの存在が一定の効果を果たしていると思われます」

フコースの働きが見えてきた。要するにフコースは、体に良い働きをする腸内の共生細菌にはエサとなるが、悪さをする病原性細菌にとってはエサとならないだけでなく、病原性細菌を排除する働きもありそうだ、ということだ。腸管上皮細胞の「α1，2-フコース」は、細菌の種別によって「アメとムチ」のように働き、その結果、腸内で共生できる細菌と排除される細菌が選別されている可能性が考えられるのだ。

ここまではマウスの話だが、『α1，2-フコース』は、ヒトの腸管上皮細胞にも存在する」と言う。後藤氏によれば、「ヒトの腸内の病気に、『α1，2-フコース』をめぐる異常が関わっている可能性がある」らしい。

「クローン病、1型糖尿病、原発性硬化性胆管炎など、消化器官の中で起こる慢性の炎症性疾患の患者の中には、酵素の一つであるFut2酵素をつくり出す遺伝子に変異が見られる場合があります。すなわち、糖鎖の先端に『α1，2-フコース』がないヒトは、これらの病気になりやすいのです」

その一方で、「α1，2-フコース」があるヒトは、消化器障害を引き起こすノロウイルス感染症やロタウイルス感染症にかかりやすいという報告もあるという。それは、これらのウイルスが細胞に感染する際、フコースをレセプター（受容体）として使っていることが原因らしい。

「つまり、『α1，2-フコース』を持たないヒトは、ノロウイルスやロタウイルスに感染しにくくなるわけです。『α1，2-フコース』の有無により、かかりにくい病気やかかりやすい病気が変わってくる。この生物学的トレードオフシステムを、興味深く捉えています」

「さらにヒトも……」と氏は続ける。

「マウスと同じように、ヒトの体内でも、フコースの発現に腸内細菌が関わっている可能性があります。つまり、ヒトの腸内細菌も、免疫細胞に働きかけて腸管上皮細胞と連携し、そこにフコースを発現させているのかもしれません。マウスではフコースが細菌に対してアメとムチのように働き、ヒトではフコースの有無が、どの病気にかかりやすくなるかのトレードオフとして作用する。それを規定するのが腸内細菌だとすると、これらの関わりを調べることは、ヒトの健康や病気を考えるうえで非常に重要なポイントになってきます」

健康を司る共生微生物との良好な関係

ヒトの腸内に共生するもう一つの腸内微生物にも、後藤氏は注目する。「真菌」である。氏が所属する千葉大学真菌医学研究センターは、我が国を代表する真菌医学の総合研究拠点だ。

「真菌」とは菌類の一種で、キノコやカビ、酵母などが挙げられる。細胞内に核を持たない「原核生物」である細菌と異なり、菌類は私たちヒトの細胞と同じく、細胞内に核を持つ「真核生物」だ。真菌は細胞と同様、核の中に染色体を格納し、核の他にも「ミトコンドリア」や「小胞体」など多くの細胞内小器官を持っている。

「ヒトの腸内にも真菌が存在することは分かっていましたが、実態はほとんど解明されていませんでした。特に日本人の腸内真菌については、近年になって初めて論文が出たばかりで、ほぼ手つかずの分野となっています。腸内真菌の中で、『カンジダ・アルビカンス』という真菌に私は着目しています」

カンジダ・アルビカンスは、皮膚や女性の膣などに存在することが知られている真菌だ。普段はヒトの体内に共生しておとなしくしているが、免疫力が低下したときなどに「日和見感染」でカンジダ症を引き起こす。この真菌が、日本人の腸の中にも存在していると報告された。

後藤氏はカンジダ・アルビカンスをマウスに投与し、腸内での振る舞いを調べてみたことがある。マウスの腸にもこの真菌が定着すると推測していたが、結果はそうではなかった。投与直後は腸内に観察されるものの、徐々に少なくなって最終的に菌が検出できなくなったのだ。

だが、マウスに抗生物質を投与し腸内細菌を攪乱《かくらん》すると、異なる結果が見られた。カンジダ・アルビカンスが増殖し、腸内に定着したのである。これは、マウスの腸内細菌がカンジダ・アルビカンスを排除し、定着を阻害している可能性を示唆している。

「腸内細菌が真菌の感染防御にも一役買っているとすると、創薬への応用が期待できます。感染防御に重要な役割を果たしている腸内細菌を特定できれば、その細菌を単離して治療に役立てることができます。たとえばその細菌の製剤をつくる、もしくは細菌が出す物質を薬にして飲んでもらう。ヒトの体内にいる微生物の総体をマイクロバイオームといい、それを創薬に活かすことを『マイクロバイオーム創薬』と呼びます。私たちの研究室でもさまざまな腸内細菌を分離して、創薬につながる菌を探しています」

後藤氏が腸内細菌と人間の関係について、「とても重要な観点」として挙げるのが、「24時間365日、常に影響を与え合いながら一緒に生きていること」だ。

「最近、世界のあちこちで100歳以上になっても健康に生きている『百寿者』（センチナリアン）と呼ばれる人々の腸内細菌の研究が進み、さまざまな論文が発表されるようになりました。それらを読むと、特定の腸内細菌が共通して多いことが健康長寿の一つの要因になっていると予想できます。また、優れた成績を挙げるアスリートの腸内細菌も、一般人に比べて良好なバランスにあるというエビデンスも次々に発表されています」

後藤氏によれば、肥満や糖尿病などの慢性的な疾患、いわゆる生活習慣病と腸内細菌の関係も深く、さらに腸内細菌の状態は、人のメンタルヘルスにも大きな影響を与えている可能性があるという。

「それらはすべて、腸内細菌が小さなシグナルを人間の心身に絶えず与え続けているからだと考えられます。心身の健康に影響を与える生活因子には外部のストレスがありますが、仕事のストレスであれば職を替えれば逃れることができます。しかし腸内細菌から来るストレスは、その状態を変えない限り、悪いシグナルを24時間ずっと与え続けるのです。最近いろいろなところで、『生活習慣病を予防するには、生活習慣を変えないといけない』と私は話しています。人に影響を与える最大の生活習慣は、食生活です。食生活を通じて、腸内細菌の状態を継続的に良い状態に変えていくこと。それが、とても大切です」

私たちの健康に、腸内環境が重要な影響を与えていることは「ほぼ間違いない」、と後藤氏は言う。最近では、がんの免疫治療で投与される新薬が効果を発揮するかどうかも、患者の腸内細菌の状態に影響されることが分かってきたらしい。また、2020年から世界で猛威を振るう新型コロナウイルスに感染した人が重症化するかどうかにも、腸内細菌が関わっている可能性を指摘した論文も発表されている。

「我々の健康は、生まれ持った遺伝子だけでなく、常在している腸内細菌をはじめとする微生物との関係性で決まります。病気の予防もその治療も、これからは共生微生物を最大限利用する方法が重要となっていくでしょう」

最後に尋ねてみた。後藤氏は、なぜ、この分野の研究を志したのだろうか。

「昔から私自身が感染症にかかりやすい体質だったので、微生物学や免疫学に興味を持ちました」

東北大学で免疫学の基礎を学び、修士課程で腸の免疫メカニズムに興味を持った。博士課程に進むと、腸の免疫細胞が共生細菌と病原性細菌をどのように見分けているかのメカニズムが解明されていないことを知り、その研究にのめり込んだ。

「私たちの腸の中には細菌や真菌が数多く生息し、想像もつかないほど複雑な生態系が形成されています。『非自己』であるはずの微生物は、私たちヒトの細胞と、あるいは微生物同士で相互作用して生きています。そうした微生物の働きが、私たちヒトの健康の支えになっています。この複雑な生態系については、分かっていないことばかりです。無数にいる腸内の微生物には、一つひとつ何らかの役割や意味があるはずです。それらを研究することで、新たな薬が生まれ、生命現象を解き明かす重要な手掛かりを得られるかもしれません」

ヒトの体内には広大なフロンティアがある。腸内細菌の解明は、これからが本番だと言えるだろう。

（取材執筆／萱原正嗣・大越 裕）

3

脳のない生物にも知性はあるのか

中垣俊之 教授
北海道大学 電子科学研究所

撮影／島田拓身

中垣俊之（なかがき・としゆき）

1963年生まれ。1989年北海道大学薬学研究科修士課程修了後、製薬企業勤務を経て、名古屋大学人間情報学研究科博士課程修了、学術博士。理化学研究所基礎科学特別研究員、北海道大学電子科学研究所准教授、公立はこだて未来大学システム情報科学部教授を経て、2013年より現職。専門分野は物理エソロジー。イグ・ノーベル賞を二度受賞（史上二件目）。2017年から電子科学研究所所長を務める。

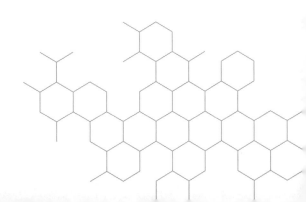

単細胞生物の能力に着目

生物は、大きく二種類に分けられる。脳を持つ生物と、脳を持たない生物だ。人は脳を持つ生き物、ゆえに知性を備えている。では、脳を持たない単細胞生物に、知性はないのだろうか。環境変化に対するコロナウイルスの順応ぶりを見ていると、生物ではないウイルスでさえも、何らかの生存戦略を持っているかのように思える近年だ。

実際、単細胞生物の中には、まるで知性に裏づけられたような振る舞いを見せるものがある。北海道大学電子科学研究所の中垣俊之教授は、その一つである真正粘菌の複雑な動きに着目し、粘菌に知性と呼ぶにふさわしい能力を見出した。そして粘菌研究で「イグ・ノーベル賞」を二度受賞している。

イグ・ノーベル賞といえばノーベル賞のパロディ……、一般にはその程度の受け止め方をされているようだ。けれども同賞は、「人々を笑わせ、そして考えさせる業績」に対して贈られる賞である。だから単にユーモアあふれるだけでなく、改めて「人に考えさせる気づきや発見」が必ずセットでなければならない。これを二度受賞（２００８年と２０１０

写っている範囲全体が、「変形体」となった粘菌一つの細胞である。（中垣氏提供写真）

年）した研究者は、中垣氏を含めて今のところ世界で4人（中垣氏の共同研究者2名を含む）しかいない。

中垣氏の発見とは、人間以外の単細胞生物が知性を持つ可能性であり、その功績に対して「認知科学賞」（2008年）と「交通計画賞」（2010年）を贈られた。いずれも研究の対象となったのは、真正粘菌の一種モジホコリ（Physarum polycephalum：以下粘菌）である。この粘菌は通常、公園の枯れ葉や朽ち木のあるような場所に潜んでいる。大きさがせいぜい2ミリ以下と小さいため、普通に公園を歩いている分には、まず気づかないだろう。

ただし、この粘菌は単細胞生物でありながら、極めて特殊な性質を備えている。たとえばときに、周囲が数十センチメートルにもなるシート状の形をとる。だからといって、小さな粘菌がいくつも集まるわけではなく、単細胞のままで巨大化するのだ。このように巨大化した粘菌は、「変形体」と呼ばれる。

粘菌の驚くべき「知性」

粘菌のような単細胞生物は「原生動物」と呼ばれ、同じ単細胞生物の細菌とは異なり、細胞内に核を持つ真核生物である。単細胞のままで巨大化するだけでも不思議な現象だが、粘菌の変形体はさらに奇妙な特徴を備えている。

「巨大粘菌の外見からは、まるでマヨネーズを薄く引き伸ばしたかのような質感が感じられます。内部にはきめ細かな管《くだ》のネットワークが張りめぐらされていて、その中を栄養やさまざまな信号が活発に流れています。さらにじっくり観察していると、管の中の流れの向きが、2分ぐらいの間隔で変わっている様子が分かります」

変形体となった大きな粘菌をちぎると、断片は新たに単細胞の粘菌となる。条件次第では、その粘菌が成長して再び巨大な粘菌ともなりうる。あるいは複数の変形体が合体して、巨大化する場合もある。

巨大化した変形体は、ゆっくりと動き回って餌を探して食べる。ところが空気が乾燥するなど外部環境が悪化すると、一変して今度は1～2ミリぐらいの小さな変形体に分裂して、子実体《しじったい》（胞子をつくって放出するためのキノコ状の形態）になったりする。状況に応じて大きさを自在に変える、融通無碍《ゆうずうむげ》とも言える不思議な生き物なのである。

また粘菌は、さまざまな化学物質に対して明確な反応性を示す。実験用に飼育する際の飼料は、市販のオートミールだ。それも、化学肥料や農薬を使って育てられたものより、有機栽培のものを好んで食べる。もとより粘菌は単細胞生物であり、脳も神経細胞も持たない。にもかかわらず、まるで味覚を持っているかのような行動を取るのだ。

逆に嫌うのが、醬油やマラリア特効薬のキニーネなどだ。ただキニーネを嫌うとはいえ、その嫌い方は一様ではなく個々の粘菌により異なる。

公立はこだて未来大学の高木清二准教授らが、次のような実験を行った。

「細長いレーンを用意して、その片端に粘菌を置き、真ん中あたりに濃度の薄いキニーネをセットして粘菌の動きを観察してみました。すると粘菌はまず、反対側に向かって動き始めます。その後、キニーネのあるところまで来ると、そこでいったん止まるのですが、その後の行動が粘菌により異なるのです。すなわちキニーネを乗り越えて前進するもの、キニーネから引き返すもの、キニーネのところで分裂して前進と後退に分かれるものもある。一連の観察結果からは、一つひとつの粘菌には個性のようなものが備わっていて、それが異なると考えられます」

感覚に似た機能を備えるばかりか、個性のようなものまで持っていそうな粘菌とは、いったいどのような生物なのか。中垣氏の関心は自然と、粘菌の知性に向かっていった。

生存のための粘菌の合理的な知能

２００８年に中垣氏らは、イグ・ノーベル賞で「認知科学賞」を贈られた。これは、迷路を使って粘菌の知性を探究した成果を評価された結果だ。

「最初に４センチ四方ほどの粘菌の変形体を、迷路全体にまんべんなく広がるようにセットしました。次に、迷路の入口と出口の２カ所だけに餌を置きました。その結果、何が起

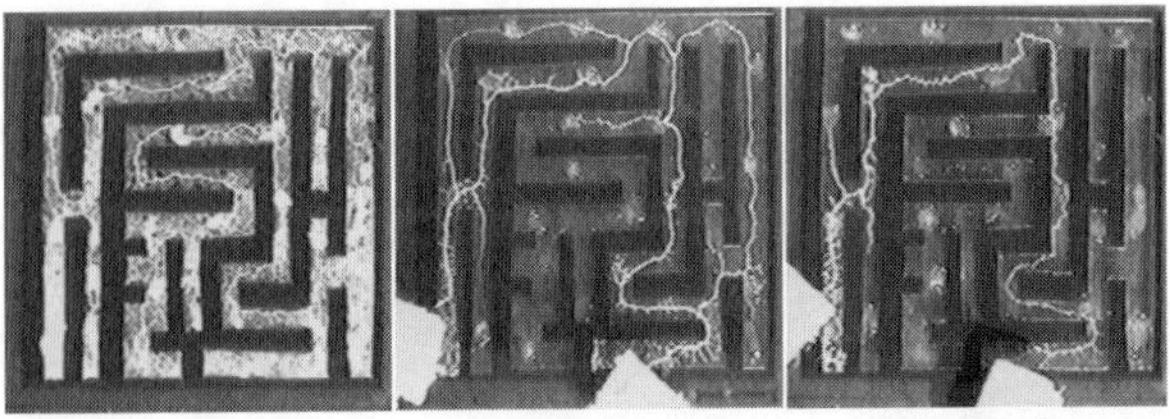
粘菌が迷路を解く様子。左は餌を置く前、真ん中は4時間後、右は8時間後。餌と餌の最短距離を結んでいることが分かる。（中垣氏提供写真）

こったか。粘菌はまず、行き止まりとなっている経路から後退していきました。続いて餌のある入口と出口をつなぐ経路すべてに、いったんは管を残しました。ところがその次には驚くべきことに、管の中で遠回りとなる経路にある管が、やせ細って切れてなくなったのです」

結果的に、迷路内でも入口と出口を結ぶ最短距離の経路に残った管が太くなり、粘菌の塊《かたまり》は餌のある入口と出口に集中した。両端を管でつないで変形体としての一体感は維持しながら、餌のある場所、つまり入口と出口に本体を集中させる。しかも塊をつなぐ太い管は、しばしば迷路内の最短距離を通る。

一連の粘菌の動きは、極めて合理的と言えるだろう。だから粘菌の行動の背景には何らかの法則性がある、と中垣氏は考えた。

「迷路という複雑な状況の中で、生存のために適した行動を粘菌は取りました。おそらくこれは脳や神経系の有無にかかわらず、あらゆる生き物が持っている基本的な知能と呼ぶべき能力の一端であり、究極的には物理法則に還元できる全生物共通の基盤だと考えられます。たとえば人に当てはめれば、野球で外野手がフライボールを追いかけてキャッチするとき、選手がいちいちボールの弾道計算などしているはずもありません。選手は、ただボールを見上げる角度が一定になるよう走っているのであり、これは浮遊物を捕獲するために備わったアルゴリズムの一種と考えられます。同じような浮遊物捕獲アルゴリズムは、犬やアブなど他の生物も持っているようです。だからフライをキャッチするのと同様に、空中にある餌を捕まえられる。つまり人間と犬、そして粘菌とその姿形は大きく異なっても、何らかの基本設計を共有していると思われます」

洗練された「情報機械」としての生物

仮に粘菌と人間に共通する知性があるとすれば、それはどのようなアルゴリズムに基づき、どのように実装されているのか。こうした問いに答えるため、次に行った実験は、まさに粘菌の知性を試すものだった。

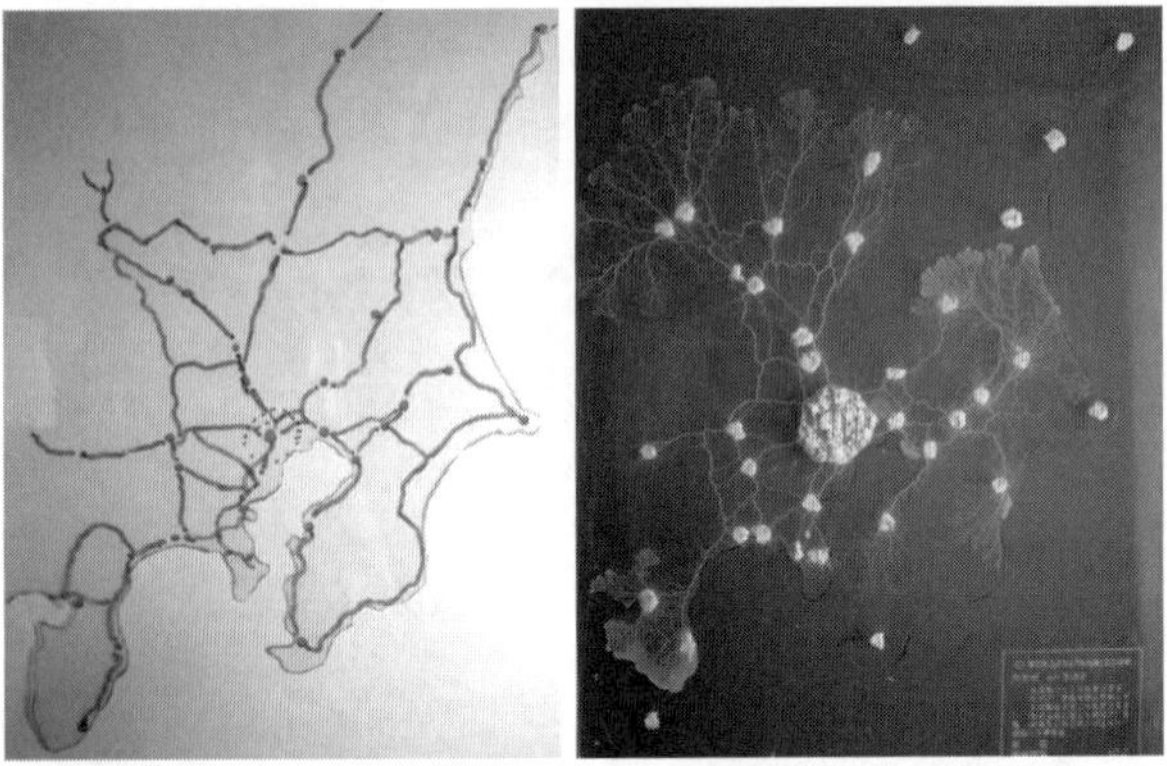

左は実際のJRの路線ネットワーク、右は粘菌がつくったネットワーク。東京を中心として、各主要都市間を合理的な経路で結んでいる様子が分かる。(公立はこだて未来大学 高木清二准教授提供写真)

実験ではまず、30センチ四方程度の寒天のプレートが用意され、その上に関東地方の地図が描かれた。続いてプレート上で関東の主要都市に相当する部分に粘菌の餌を置く。同時に山間部や河川、海に相当する部分には、粘菌が嫌う光を当てておく。そして実際の東京駅に相当する場所に粘菌を置いた。しばらく置いておくと、驚くべき光景が現れた。

東京駅と餌のある主要都市を結ぶ、粘菌のネットワークが形成されたのだ。しかもその粘菌ネットワークは、実際のJRの路線図とよく似ていた。

「粘菌の経路は、海岸線に沿って作られ、谷筋に沿って路線が伸びながら、河川などの水域もきちんと避けていました。その上で東京を中心として、主要な都市間を最も効率よく結ぶネットワークが形成されている。そのため結果的に、人間が考えて構築した実際の交通路線のネットワークとある意味で似たものとなっている」

もともとよりJRのネットワークは、粘菌の実験のように全線の同時スタートによって構築されたわけではない。交通網と街は、相互作用しながら時代とともにパッチワーク的に発展する。だから、一斉にネットワークを作り始めた粘菌とは、その形成過程に大きな違いがある。にもかかわらず、都市間を効率的に結ぶネットワークとしての結果は、粘菌ネットワークと似ていたのだ。この研究成果に対して、中垣氏らは2010年にイグ・ノーベル賞「交通計画賞」を贈られた。

さらに研究は進められた。次に取り組んだのは、粘菌そのものを使う実験ではない。使われたのは粘菌の知性である。すなわちこれまでの実験を通じて解析された、粘菌特有のアルゴリズムを計算原理としてコンピュータシミュレーションを行ったのだ。

迷路や鉄道網ネットワークの実験によって、粘菌の行動からは、特定のアルゴリズムが読み取られている。解析されたアルゴリズムに基づいて、現実世界をシミュレーションすると何が起こるのか。それが試された。

「まず、北海道の地形情報などの詳細データをコンピュータに取り込んでおいた上で、粘菌から解析されたアルゴリズムに基づいて、ネットワークを形成する精密なシミュレーションを行いました。すると、北海道内の町の地理分布パターンやそれらの町をつなぐ交通ネットワークとある意味似たものが、粘菌アルゴリズムによって作り出されたのです。札幌や千歳、苫小牧、小樽のあたりに大きな街が作られ、札幌から旭川へと集住地が続きます。それらをつなぐ主要な交通路がちょうど名寄《なよろ》のあたりで分岐して、一つは稚内のほうに、もう一つは紋別やオホーツクのほうに伸びていく。後者は網走のあたりから釧路に下りてきて、帯広を回って千歳へと戻って一周する。粘菌の思考パターンとも言えるアルゴリズムに基づくシミュレーション結果が、現実と重なるのです」

中垣氏は、「あらゆる生物は、洗練された情報機械とも考えられます」と説明する。であるなら生物が行うすべての現象は、物理現象として理解できるはずだ。つまり何らかの目的が設定され、それを実現するように生物は物理現象を起こしている。したがって生物の物理現象を運動方程式（物体の運動を表す方程式）で記述できれば、その方程式に示されるものは、生物にとって目的実現のための道筋となるはずだ。

「ジオラマ行動力学」で知性の本質を探る

一気に生物知能のアルゴリズム探究に突入しようとした中垣氏だが、いったん中断することになった。2017年に、以前から教授を務めていた北海道大学電子科学研究所の所長に任命されたのだ。

「所長として担当するのはいわゆる運営業務であり、私としては決して得意分野とは思えなかったのですが、これまでお世話になった恩返しのつもりで、とにかく4年間必死に務めさせてもらいました」

その4年間は、研究者としては空白期間となった。けれどもこの間に、中垣氏の頭の中では次の研究に対する構想が何度も練られ、「もう一度、研究に打ち込みたい」といった強い思いが蓄積されていった。

所長職を退いた後に1年の準備期間を経て、東北大学の石川拓司教授らと満を持して立ち上げたのが、新たな研究領域『ジオラマ行動力学』である。「ジオラマ」とは、「原生生

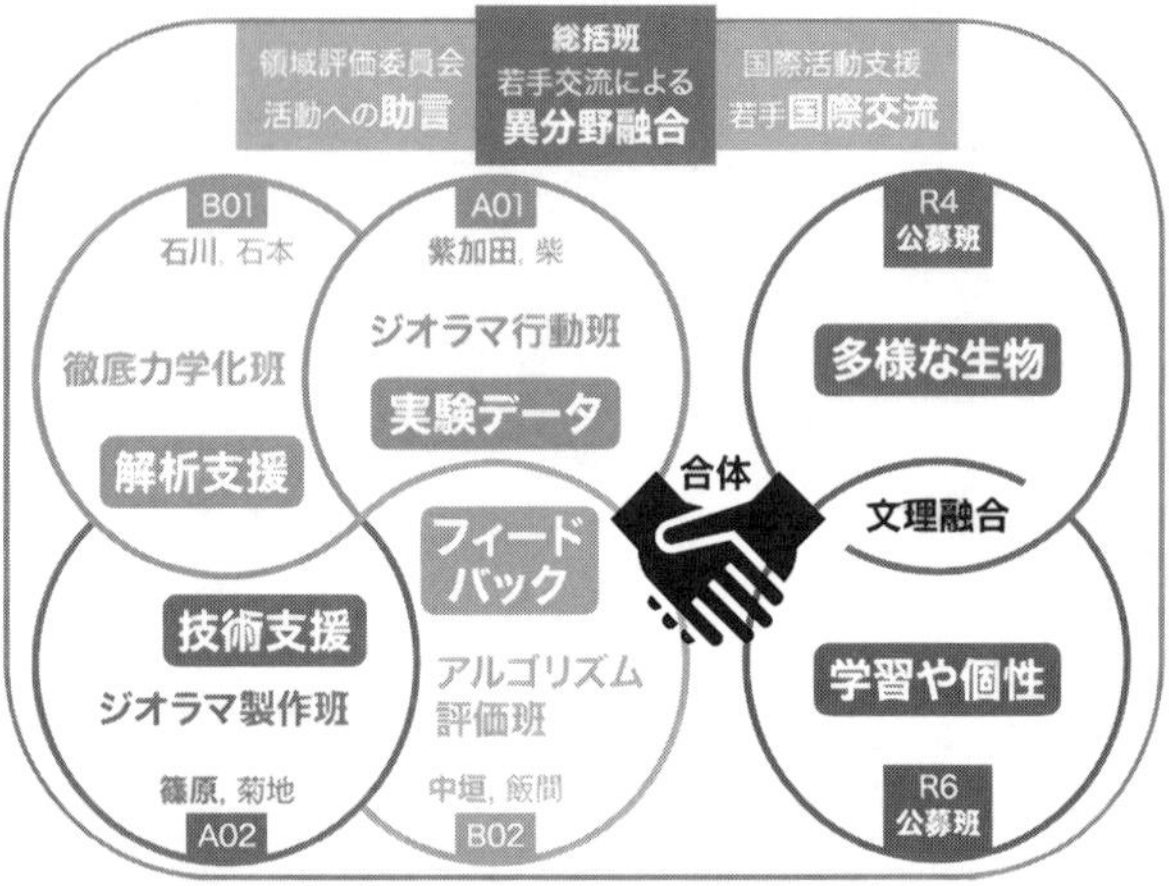

文理融合までを含む幅広い領域の研究者の知見を集めて、原生知能のアルゴリズム解明に取り組む。（図版：ジオラマ行動力学ホームページより。https://diorama-ethology.jp/）

物の潜在能力を覚醒させるために構築した人工環境」である。この研究は2021年の学術変革領域研究（A）に採択された。中垣氏が石川氏とともに取りまとめ役となり、多様な研究者との共同研究を通じて新たな研究領域の創成を目指す。5年間で合計8件の計画研究と70件程度の公募研究が行われる予定で、それらの成果を基に、「ジオラマ環境で覚醒する原生知能を定式化する細胞行動力学」を確立する。

原生知能とは、粘菌に代表される単細胞生物が見せてくれる巧みな環境・状況適応能力である。こうした能力を、力学モデルを用いて定式化するのが研究のゴールだ。前述の通り、原生知能を観察するために構築した環境が「ジオラマ環境」であるが、この実験環境は、屋外の環境と同じ複雑さを可能な限り積極的に取り入れたものであり、そこでは単細胞生物本来の行動様式を観察できる。

これまで中垣氏が取り組んできた実験では、外部刺激のないピュアな環境の中で粘菌の行動を観察してきた。けれども粘菌が本来生息している自然環境は、均質さを保持された実験室とは大きく異なる。

「粘菌が本来生息している環境では、情報処理がどのように行われ、どのように行動に反映されているのか。それを知るために粘菌の潜在能力を可能な限り引き出せる環境をデザインして、そこで行動を観察する。これがジオラマ行動学です」

「環境連成力学」で知能をモデル化する

さらにその観察結果からは、生物が細胞レベルで発現する巧みな環境・状況適応能力が浮かび上がってくる。この能力を物理的な運動方程式で記述する。これが、まだ仮説段階の理論だが、「環境連成力学」と呼ばれる新たな方法論である。

これまで知能といえば、そのモデルとして人の脳や心が前提条件とされ、それとの対比によって語られてきた。ただし人といえども分類上は真核生物であり、その起源をたどっていけば、粘菌を含む単細胞の原生生物に行き着く。逆に言えば原生生物こそは、最初に登場した真核生物である。その後何億年にもわたる歳月をかけて培われてきた、原生生物の行動様式に備わる洗練された機能性や美しさが、私たち人間にも受け継がれていると考えても何もおかしくはない。

「ジオラマ行動学により、まず原生生物の知能をしっかりと引き出し、次にその知能を環境連成力学によってモデル化する。これらの知見から導き出される情報処理の知能アルゴリズムを追究していく。これが、5年をかけて構築しようとしているジオラマ行動力学の基本ストーリーです」

ポイントとなるのが、原生生物の外部環境認識だ。人が外部環境を判断する際には、必ず何らかの価値判断を伴っている。端的に表現するなら、その環境が生存に有利なのか、それとも不利なのかを人は常に考えている。これに対して脳を持たない原生生物は、外部環境について価値判断を伴って認知していない、と中垣氏は考える。脳を持たない原生生物が、その環境が「将来的にどう影響するか」などと時間軸を伴う判断を行っているはずもないからだ。

では、原生生物の行動は、何に基づいて行われているのか。

「おそらくは置かれた環境の中で、物理的な相互作用を行っているだけだと考えます。だからこそ、その行動はシンプルな運動方程式で表現できる。その相互作用を物理現象として捉えるなら、外部刺激などの情報入力と処理、何らかの行動としてのアウトプットが渾然一体となって行われているはずです。このメカニズムが長い時間をかけて進化した結果、情報の入力から変換、出力に特化して、一連の作業を時間をかけて行う器官が形成され発達した。それが脳ではないでしょうか」

細胞行動力学解明への挑戦

具体的には、二つの大きなテーマが設定されている。「有害赤潮」と「精子の運動」だ。

赤潮は、原生生物である微細藻の大量発生と集積によって起こる。単に藻が大量発生するだけではなく、空間的に集まって滞留し濃縮されている。大量に集積した藻は、単体の藻として存在しているときの移動距離と比べれば、はるかに大きなスケールで集団移動する。だから人間にとって、貴重な水産資源に重大な被害をもたらす。

この赤潮が発生するメカニズムは、今のところ解明されていない。そこで研究チーム・ジオラマ行動班「A01－1」では、赤潮藻が集積する過程について、生物学的要因と物理的要因の両面からアプローチして解明を目指す。これは非常に大きなスケールで発生する原生知能の働きとして理解でき、そのメカニズム解析は社会的にも意義がある。

もう一つのテーマ、精子のメカニズム解明を担当するのが、ジオラマ行動班「A01－2」チームだ。精子は原生生物ではなく、多細胞生物の一部でありながら、生殖活動の際には単細胞として活動している。人も含めて、多細胞生物では精子と卵子の単細胞同士による受精が行われ、受精卵から再び多細胞化していく。受精のプロセスでは、一つの卵子をめがけて多数の精子が向かっていく。この精子の動きは、赤潮藻と同じくある種の集団運動である。なぜ、卵子一つに対して、多数の精子が動いていくのか。仮に精子が一匹だけであれば、おそらくは膣内を泳ぎきって卵子にたどり着けないからだ。さらに多数の精子が同時に卵子に向かって競争する過程では、ある種のセレクションが行われているとも考えられる。

「受精をこのように捉えると、たとえ人間といえども、その誕生プロセスにおいては、単細胞のゾウリムシやミドリムシが集団で行動しているのと同じような動きをしているのです。その動きを物理的に突き詰めれば、すべての真核生物に共通する細胞行動力学を解き明かせるのではないか、と考えています」

「運動方程式こそが世界創造の神」

赤潮藻、精子の動きに関する研究を通じて、もう一つ設定されている発展的なテーマが、卓越した新規細胞行動の探索だ。実は今、新種の原生生物が野外でどんどん見つかっている。その中には極めて複雑な動きをするものが多い。これら最新の知見も踏まえながら、新たな細胞力学や行動力学の構築が進められている。

また、アルゴリズム評価班「B02－1」「B02－2」では、粘菌と繊毛虫が対象となっている。粘菌の研究については、中垣氏らがこれまで取り組んできた成果をさらに発展させて、人間社会と街と交通網の共発展現象や種々の生物系の環境適応的なネットワーク構築現象などが調査対象となる。その成果は中垣チームの集大成となるだろう。

一方の繊毛虫や微細藻類は、重力や光などに個体レベルで反応する結果として、水面レベルに多くが集まってくる現象が知られている。その結果、水面近くにある群れの頭の部分が重くなるために対流現象を引き起こす。個体レベルでは起こるはずもない対流が、個体が大量に集まった結果として引き起こされる。その構造形成が、多様な空間形状に応じてどのように形成されるのか、さらには空間活用の生理的・生態的意義などの解明が次なる課題だ。

「繊毛の動きについては、ツリガネムシやラッパムシなども興味深い対象です。これらの繊毛を持つ原生生物は、繊毛をどのように活用しているのか。単体では泳ぐときに繊毛を使いますが、石などに固着したときには繊毛を使って自分の周りに流れをつくるのです。その流れで餌をうまく吸い寄せる。そして、ここがまた興味深いのですが、これらが集まって群体で固着しているときには、より大きくて餌を取りやすいように工夫された流れをつくる。こうした一連の繊毛の動きからも、知性のようなものが感じ取れます」

人を含めて、あらゆる生物は物質によって構成されている。したがって物質が従う物理法則を無視しては、その本質を理解できないだろう。もちろん、生命科学独自の世界や概念は厳然として存在し、それらは物理世界とは異なる概念を形成してもいる。

「たとえば心やクオリア（感覚質）などの特性を、仮に物理運動方程式で記述できたとしても、我々がそれらを内的に経験したように感じることとは全く別次元なことのように、私には思われます。けれども、生き物が物質である以上、必ずどこかに物理と生命現象の接点はあるはずです。仮に生物学独自の概念だと考えられていた現象を、物理の言葉で再解釈できたとすれば、これほどエキサイティングな発見はないでしょう」

人間にある脳を、原生生物は持たない。けれども、人間のような知性の存在は、原生生物でも否定できない。

「私にとっては、運動方程式こそが、この世界を読み解く鍵なのです」と語る中垣氏は、ジオラマ行動力学による世界そのものの理解を目指し、ひいてはジオラマ行動力学の新たな学問領域としての確立も目指している。

（取材執筆／竹林篤実）

II

細胞のドラマ

4

死のメカニズムを生きる力に変える

清水重臣 教授
東京医科歯科大学　難治疾患研究所

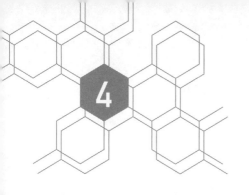

撮影／カケマコト

清水重臣（しみず・しげおみ）

１９５８年生まれ。１９８４年に大阪大学医学部卒業後、同学部旧第一外科に入局し外科臨床に従事。１９９４年同学部第一生理学教室助手、１９９６年同学部遺伝子学教室助手、２０００年同助教授を経て２００６年より現職（難治病態研究部門　病態細胞生物学）。

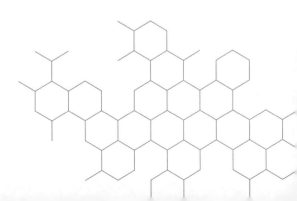

生を支える細胞の死

ヒトは、約37兆個の細胞でできている。しかも総数こそほぼ変わらないものの、個々の細胞は目まぐるしく入れ替わっている。次々と新しい細胞が生まれてくる一方で、それとほぼ同じ数の細胞が、死を迎えているのだ。入れ替わりの早い細胞の代表に、胃や小腸など消化器の細胞がある。栄養素の吸収に酷使される小腸表面の細胞などは、だいたい2～3日で分解され、捨てられている。もちろん、すぐに新しい細胞がつくられているから、小腸は日々変わりなく栄養を吸収し続けてくれる。死があってこその生である。

入れ替わるのは、消化器の細胞だけではない。実際のところ1年の間に、体中の約95％の細胞が入れ替わっているらしい。いわば1年前の自分の身体の細胞と、今の自分を構成している細胞は、厳密には同じではないのだ。

細胞が入れ替わる。すなわち古い細胞が死んで、新しい細胞が生まれる。だからこそヒトはもとより、すべての生物が生きていける。では、体内で死んでいく細胞は、その後どうなるのだろうか。

細胞の死は、そのプロセスや形態から大きく二つに分類される。あらかじめ死が遺伝子にプログラムされていて、細胞が自ら能動的に死にゆく「プログラム細胞死」と、外的損傷などの要因で受動的に死に至る「ネクローシス（壊死）」だ。

この二つは死に方も異なる。プログラム細胞死においては、主に細胞全体が萎縮したり断片化して死に至る。ネクローシスでは逆に、細胞が膨張して破裂する。とりわけ前者のプログラム細胞死は、「生物が生きていくために不可欠な仕組み」だと、東京医科歯科大学の清水重臣教授は説明する。

「プログラム細胞死の中でも、たとえばアポトーシスは1972年に報告され、最も研究が進んでいます。アポトーシスとは生物個体の発生と分化のプロセスでよく見られる現象で、その代表例が『指の発生』です。母体内のヒトの胎児にはある時期まで、指と指が水かきのようにつながっています。この水かきに相当する部分の細胞がアポトーシスによって失われる結果、指ができるのです。他にもさまざまな要因で遺伝子がダメージを受けたときなどにも、細胞死が起こります。それによって、傷ついた遺伝子が異常なタンパク質を合成して不具合を起こしてしまうのを事前に防いでいます」

生物の生は、絶え間ない細胞の能動的な死によって支えられている。だからこそ、プログラム細胞死に何らかの異常が起こると、〝生自体〟にもさまざまな影響が及ぶ。

そんな細胞死の研究に取り組み始めたきっかけは、臓器移植だった。清水氏は1984年に大阪大学医学部を卒業し、消化器外科医として臓器移植の研究に取り組んでいた。ただし当時の日本では、角膜や腎臓以外の移植は認められていなかった。

「一方で欧米では先行して、さまざまな移植手術が行われていました。日本でも来《きた》るべき日に備えるため、臓器移植の成功率を高める研究に取り組んでいたのです。臓器移植の成否を分けるポイントは、大きく二つあります。一つは、臓器提供を受ける患者の免疫による拒否反応をいかに防ぐか。もう一つは、ドナーから臓器を取り出した後、臓器の傷みをいかにして防ぐかであり、私たちは後者をテーマに研究を行っていました」

細胞の死を司るミトコンドリア

清水氏が注目したのは、「オルガネラ」と呼ばれる細胞内小器官の一つ「ミトコンドリア」だ。ミトコンドリアは、血液によって運ばれてきた酸素を受け取り、生体に必要なエネルギーをつくり出すという重要な役割を担っている。

「臓器を取り出して血液が流れなくなると、酸素や栄養が行き届かなくなり、細胞全体がダメージを受けます。なかでも最初にダメージを受けるのは、酸素を受け取ってエネルギーをつくり出すミトコンドリアだと考えました。血液供給の途絶える時間が長くなると、細胞は死んでいきます。臓器を取り出した後、細胞はどのように死んでいくのか。私たちはミトコンドリアの変化を細かく調べていきました。結果は予想通りで、ミトコンドリアの変調が、細胞死の引き金になっていたのです」

やがて清水氏は助手として大阪大学医学部第一生理学教室に籍を移し、細胞死とミトコンドリアの関係について本格的に探究を始めた。そして当時、世界中で盛んになっていたアポトーシスの研究に打ち込んだ。

「当時はまだ、アポトーシスの分子生物学的なメカニズムについては、全く解明されていませんでした。そこで私たちは引き続きミトコンドリアに焦点を絞って、研究を進めたのです。その結果、アポトーシスの実行メカニズムにおいて、ミトコンドリアが極めて重要

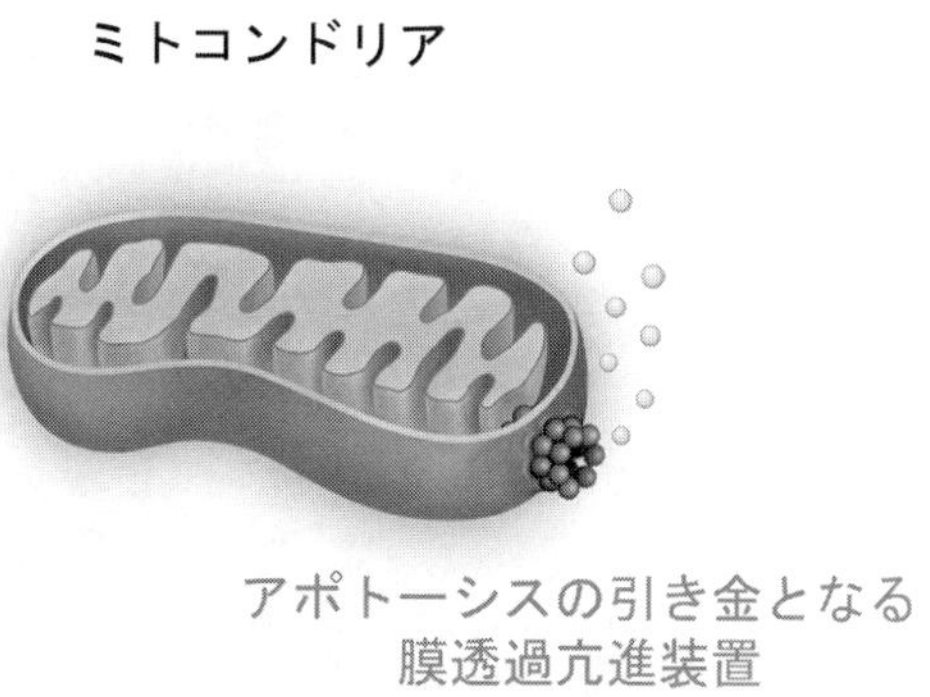

ミトコンドリアのイメージ図。ミトコンドリアがアポトーシスの誘導シグナルを受け取ると、外膜の透過性が増し、外膜と内膜にあるタンパク質(図中の球体)が外膜の外側に漏れ出してくる。(清水氏提供図版)

な役割を果たしているプロセスを解明しました」

ミトコンドリアには、外膜と内膜の二重の膜が備わっている。アポトーシスを誘導するシグナルを受け取ると、ミトコンドリアはまず外膜の透過性を高める。すると外膜と内膜の間にあるタンパク質が外膜から外、すなわち細胞質に漏れ出す。このタンパク質が細胞のアポトーシスを進行させるのだ。

ミトコンドリアによって引き起こされるアポトーシス、そのメカニズムを明らかにした一連の研究成果は、1995年と99年の『ネイチャー』、さらに2003年には米学術誌『セル』にも掲載された。

「一方で、臓器移植の際に起きている細胞死はアポトーシスではなくネクローシス（壊死）ですが、このときもミトコンドリアの二重膜の変化が、ネクローシスを起こす引き金であることを突き止めました。この論文は、2005年の『ネイチャー』に掲載されています」

生きるために自らを食べる細胞

清水氏はさらに、細胞死の謎の解明に挑んでいく。そのきっかけとなったのが、2002年に欧米の研究グループによってつくり出された、アポトーシスを起こさない遺伝子改変マウスである。

「このマウスには、アポトーシスの誘導に不可欠な遺伝子がありません。だからアポトーシスを起こしようがない。では、絶対に細胞死を起こさないのか。この問いを起点にして、マウスの細胞にさまざまなストレスを加えてみました。その結果、アポトーシスとは異なる細胞死を発見したのです。細胞死を引き起こしたのはオートファジー（autophagy＝自食作用）でした。この『オートファジー細胞死』は、何らかの理由でアポトーシスが誘導されない場合に起こる、バックアップ機能だと考えられます」

清水氏の世界に先駆けた発見は、2004年の『ネイチャー セルバイオロジー』に掲載された。

オートファジーといえば、その研究成果により、2016年に東京工業大学名誉教授の大隅良典《おおすみよしのり》博士がノーベル生理学・医学賞を受賞して一躍有名になった概念だ。最初に提唱されたのは、今から半世紀以上前の1963年である。ところが、その生物学的意義やメカニズムなどの解明については、長い間進展が見られなかった。停滞状況を打ち破ったのが、1990年代から研究に着手した大隅博士であり、オートファジーに関わる遺伝子やタンパク質を数多く発見している。

そもそもオートファジーとは、細胞内でのリサイクル機能である。「autophagy」の語源をたどれば、ギリシャ語で「auto-」は「自分自身」を表す接頭辞であり、「phagy」は「食べる」を意味する。だから日本語では、「自食作用」とも翻訳される。原始的な酵母からヒトに至るまで、細胞内に核を持つ真核生物すべてに備わるオートファジーの機能は、細胞の恒常性や健全性の維持を担っている。

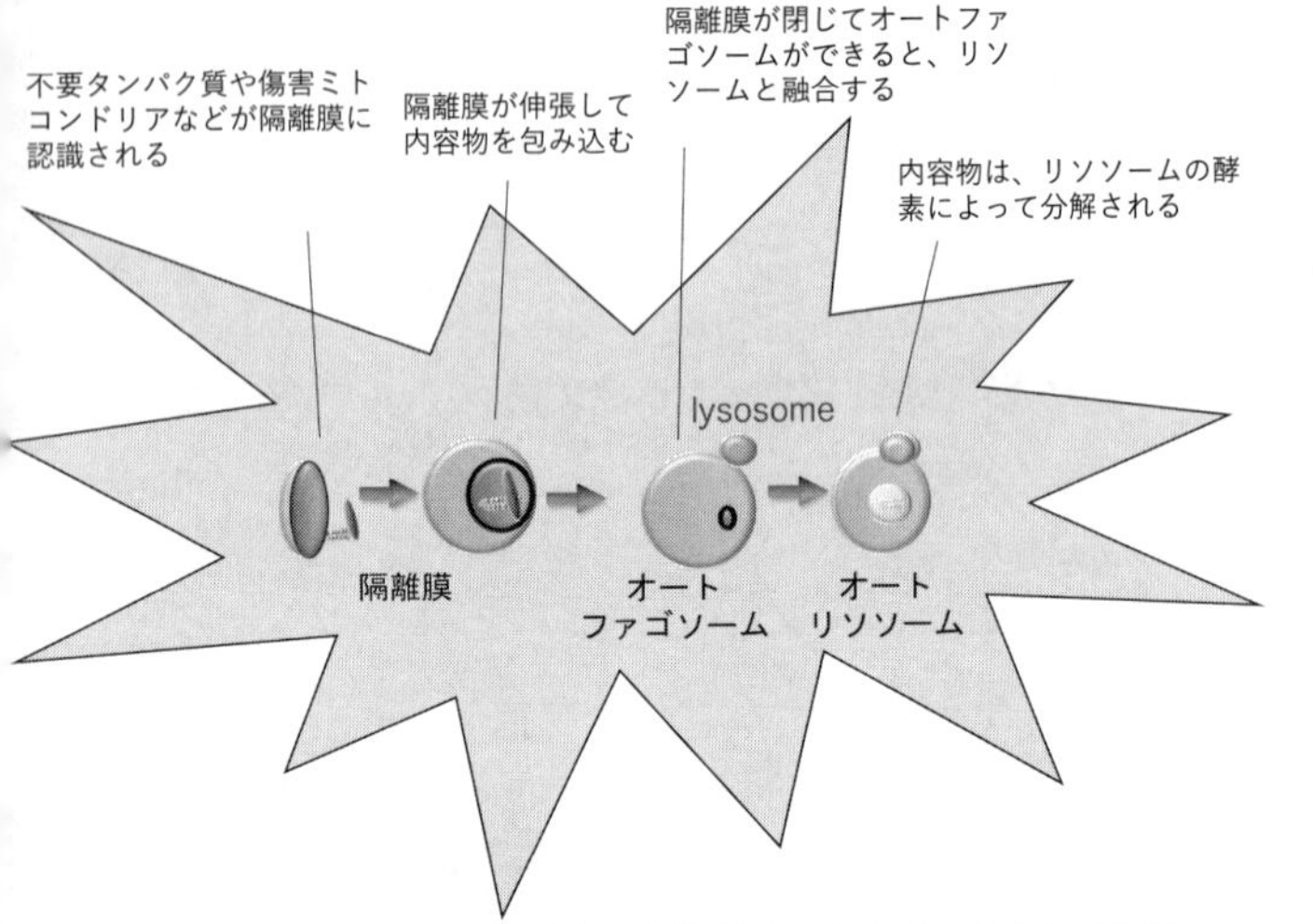
不要タンパク質や傷害ミトコンドリアなどが隔離膜に認識される
隔離膜が伸張して内容物を包み込む
隔離膜が閉じてオートファゴソームができると、リソソームと融合する
内容物は、リソソームの酵素によって分解される
lysosome
隔離膜
オートファゴソーム
オートリソソーム

オートファジーのメカニズムを表した模式図。不要になったタンパク質や傷害ミトコンドリアが膜（隔離膜）に包まれてオートファゴソームが形成される。オートファゴソームはリソソーム（lysosome）と融合し、リソソームの酵素によって内容物が分解される。（清水氏提供図版）

「オートファジーでは、まず細胞内に『オートファゴソーム』と呼ばれる膜がつくられます。この膜が、細胞内の不要になったタンパク質や機能しなくなったミトコンドリアなどを包み込みます。不要物を包み込んだオートファゴソームは、リソソームという別のオルガネラと融合します。するとリソソームに備わっている消化酵素の働きによって、膜の中に包み込まれた不要物が分解されます。その中のタンパク質が分解されてアミノ酸になると、このアミノ酸は新

たなタンパク質合成の材料として再利用されるのです」

細胞内では常に軽度のオートファジーが誘導されており、細胞の新陳代謝に寄与している。あるいは細胞が飢餓状態となったときにはオートファジーが活性化され、細胞質内に多くのオートファゴソームが形成されて、タンパク質合成の材料となるアミノ酸がつくられる。これは細胞が自らの生体成分を分解、再利用して生き延びるために備えている機能だ。オートファジーが正常に働かない細胞は、早期に死に至る。つまりオートファジーは、細胞の生存にとって決定的に重要なのである。

そのオートファジーが「細胞死にもつながる」という事実を発見した清水氏の研究成果は画期的であり、高く評価された。

「もう一つのオートファジー」の謎

さらにもう一つ、オートファジーに関して世界初となる発見をする。大隅博士らの研究成果により、オートファジーには複数の分子の関わりが明らかにされていた。なかでも重要なのが「Ａｔｇ５」と呼ばれるタンパク質であり、オートファジーにはこれが必須だと考えられていた。ところが、清水氏らの発見は、この常識を覆したのだ。

「オートファジーが実行されるためには、Ａｔｇ５やＡｔｇ７などコアとなる実行分子が必要、これが当時の常識でした。けれども、それを疑ってみたのです。Ａｔｇ５遺伝子を持たないマウスはＡｔｇ５タンパク質をつくれません。だから本来ならオートファジーなど起こるはずがない。けれども、このマウスの細胞にさまざまなストレスを与えてみると、Ａｔｇ５遺伝子を持つ普通のマウス細胞と同様に、大規模なオートファジーが起きていました。特に『エトポシド』と呼ばれるＤＮＡ傷害誘導剤を加えたときに、顕著にオートファジーが起きました。そのメカニズムは次のように考えられます。ＤＮＡが損傷すると、損傷したＤＮＡ情報によって、誤ったタンパク質が合成されます。これを放置しておくと、細胞内に異常が発生して細胞死に至るリスクがある。そこで誤ってつくられたタンパク質を処理するために、オートファジーが誘導されたという解釈です」

Ａｔｇ５タンパク質を必要としない、新たなオートファジー。清水氏らはそれを「新規オートファジー（alternative macroautophagy）」と名付けて論文を発表し、２００９年の『ネイチャー』に掲載された。

ただし、発見から研究成果が学会で認められるまでには、ざっと4年の歳月を要したという。清水氏自らも、最初にAtg5遺伝子を持たない細胞内で起きているオートファジーを見つけたときは、「電子顕微鏡で観察する細胞を間違えたと思った」と振り返る。だから何度も確かめてみた。すると、やはり確かにオートファジーが起きている。

「それからは、もう手を替え品を替え、ありとあらゆる間違いの可能性を一つずつ潰していきました。Atg5を持たない他の動物の細胞も使ったりしながら、本当にオートファジーが起きているのかを確かめていったのです。仮にいい加減なデータを出して、のちに間違いだったと分かれば、そこで研究者としての生命は絶たれてしまいます。念には念を入れるしかない。もちろん、その間に他の誰かが同じ研究成果を発表してしまえば終わりですから、焦りもありましたが万全を期したのです」

そこまでして満を持して発表した論文だったが、学会ではなかなか受け入れられなかった。従来の常識を覆す発見に対してよく見られる反応である。清水氏は耐えた。そこでめげては終わりなのだ。とにかく学会に参加し、ひたすら発表を繰り返した。研究者は理詰めで物事を考える人たちだから、やがて清水氏の発表に興味を持ったり、理解を示す人が増えてくる。しかも、清水氏の研究内容は簡単な実験で追試できるので、実際に試してみる研究者も増えてきた。時間はかかったものの、充分に認められた結果が『ネイチャー』への掲載である。

「GOMED」の誕生と創薬への可能性

さらに研究を推し進めていくと、「もう一つのオートファジー」と呼んでいた現象について、多くの事実が明らかになっていった。

「形態学的に考えればオートファジーの一種ではあるものの、明らかに別の細胞機能と考えられる現象が見つかったのです。この新たなタンパク質分解機能を『GOMED（Golgi membrane-associated degradation）』と名付けました。オートファジーとの違いは、そのメカニズムが立ち上がる膜の起源と関わる分子、さらに分解されるタンパク質にあります」

簡単に言えば、素材と役割が異なるわけだ。オートファジーでは、不要物を包み込んだオートファゴソームがリソソームと融合し、不要物が分解される。このときオートファゴソームの膜は、小胞体が元となりつくられるが、GOMEDは、ゴルジ体膜に由来している。その上で関わる分子は、「Wipi3」、「Rab9」などであり、Atg5によるオートファジーとは明らかに異なる。そして分解する基質も、オートファジーとGOMEDでは異種だった。

「分解する対象が異なるのだから、GOMEDとオートファジーでは細胞内で果たしている機能がむろん異なります。その上、酵母細胞からヒトなどのほ乳動物に至るまで、GOMEDを備えています。つまりGOMEDは、オートファジーと同じぐらいの可能性を持つ生命現象であり、それが認められつつあるのが現状です」

GOMEDが分解しているのは、細胞内から外に分泌される物質や細胞膜にあるタンパク質などである。この点に着目すれば、GOMEDには創薬開発の可能性があるという。現時点ではまだ研究段階だが、仮に細胞から分泌されるホルモン分解に関わっているとすると、どのような可能性があるのだろうか。

「仮にホルモンの一種であるインスリン分解に関連していれば、糖尿病の病態にGOMEDが影響する可能性があります。あるいはサイトカイン（主に免疫系細胞から分泌されるタンパク質）の分解にも関わっていれば、体内で発症するさまざまな炎症にも影響しているでしょう。それならGOMEDを効率的に誘導できる化合物が見つかれば、創薬につながる可能性が生まれます。現在、AMED（日本医療研究開発機構）や企業との共同研究を進めているところです」

オルガネラの機能を深掘りする

ここまで見てきたように、細胞内にはミトコンドリアやリソソームなどのオルガネラがあり、それぞれ重要な役割を果たしている。高度な空間分解能と時間分解能を持つ顕微鏡開発によって、その機能解析が進んでいる。こうした状況を背景として、清水氏を代表者として立ち上げられた新学術領域が「細胞機能を司るオルガネラ・ゾーンの解読」である。最後にそれを紹介しよう。

「観測技術の向上により、一つのオルガネラの中に異なる役割を担う場が存在しうること、さらにオルガネラ機能の多くはこれらの場における反応の集積として発揮されることなど、新たなオルガネラ像が明らかになりつつあります。そこで、オルガネラ内部に存在する機能をゾーンと名づけて、各『オルガネラ・ゾーン』の実態や機能解明を目指しています」

2017年からスタートした研究において、清水氏らは、すでに一つの成果を出している。研究対象となったのは、小胞体とミトコンドリアの関係だ。従来なら小胞体とミトコンドリアはそれぞれ別のオルガネラであり、研究も個々を対象として行われてきた。ところが、小胞体とミトコンドリアが、直接接触して物質交換している実態が明らかになったのだ。

「たとえば細胞質内のカルシウム濃度は、低く抑えられています。カルシウムはさまざまなシグナル伝達機能に関わっているため、低くしておく必要があるからです。一方で小胞体とミトコンドリアのカルシウム濃度はかなり高い。そこで細胞質内に漏れ出さないよう、小胞体からミトコンドリアにカルシウムを移して濃度調節を行っています。さらに病気との関わりも見つかっています。筋萎縮性側索硬化症（ALS）の原因として、タンパク質『S・ig－1R』の関わりが明らかになっていますが、S・ig－1Rはミトコンドリアと小胞体の隣接領域にあります。このS・ig－1Rに何らかの異常があるとALSを発症する。ということは、S・ig－1Rがミトコンドリアと小胞体の隣接領域にきちんと収まっていれば、発症しない可能性が高い。詳細なメカニズムはまだ不明ながら、今後研究が進めば、難病ALSの治療につながる可能性があります」

生命の根源に迫る

オルガネラ同士の連携により新たな機能が生まれるのは、これまで想定されていなかった現象だ。

「実際、生命科学の領域は、分かっていないことだらけと言っても決して言い過ぎではありません。ミトコンドリアなどはその好例で、皮膚表面の細胞には、赤血球と同じようにミトコンドリアがないのです。そのすぐ下の層に位置する細胞には、ミトコンドリアはきちんとあるにもかかわらず、です。赤血球からミトコンドリアのなくなるメカニズムは、GOMEDによって明らかになりましたが、皮膚の表面細胞にミトコンドリアがない理由は現時点では分かっていません」

生命科学に潜む数多くの謎の解明に取り組みながら、清水氏は薬剤開発を目指した応用研究にも力を入れている。細胞死やオートファジーなどに何らかの不全があれば、それが病気の発症につながる。であるならば、その不全を抑えられれば、病気の発症を抑えたり発症した病気を治療したりできる可能性が出てくる。

発見から認定されるまで4年もの歳月を要したGOMEDに象徴されるように、いずれの研究も時間がかかるものであり、その過程では神経をすり減らす作業が求められる。にもかかわらず、ミトコンドリアによって引き起こされる細胞死の解明以来、ずっと困難な研究に清水氏は取り組み続けてきた。そのモチベーションの秘訣を尋ねてみた。

「挑戦しているテーマがいずれも生命の根源に関わっていたり、生命そのものの動作原理に近い内容ばかりです。もしも解明できれば、それまでの教科書を書き換えられるような研究、そんなテーマに挑戦し続けられる自分は恵まれている。研究者冥利《みょうり》に尽きると言うしかありません」

（取材執筆／萱原正嗣・竹林篤実）

5

敵にも味方にもなる免疫機構を見極める

竹内 理 教授
京都大学大学院 医学研究科

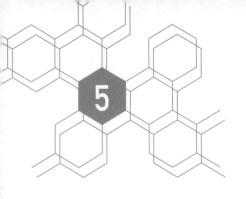

撮影／楠本 涼

竹内 理（たけうち・おさむ）

１９７０年生まれ。１９９５年大阪大学医学部医学科卒業、２００１年同大学医学系研究科修了。２００２年ハーバード大学ダナファーバー癌研究所研究員。２００４年大阪大学微生物研究所、08年大阪大学免疫学フロンティア研究センター准教授。２０１２年京都大学ウイルス研究所教授、18年より現職。

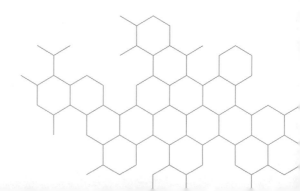

「自然免疫」と「獲得免疫」という二つの防御システム

免疫は、生物の体を病原体から守る非常に重要な仕組みだ。近年、分子生物学の発展と歩調を合わせ、そのメカニズムの解明が進みつつある。京都大学大学院医学研究科の竹内理教授も、免疫の仕組みを明らかにしようとする研究者の一人だ。

「免疫の働きは、身体の中でとても緻密に制御されています。ウイルスや細菌など病原体の感染をうまく排除するとともに、逆に免疫が働きすぎて自分の身体を攻撃してしまう『自己免疫疾患』が起こらないよう、『ブレーキ』をかける仕組みも備えています。私たちの研究室では、免疫のブレーキが生体内でどのように制御されているのか、主に『自然免疫』の観点から解析してきました」

自然免疫とは、生物が病原体に感染したとき、それを最初に「敵」と認識して排除するシステムのことをいう。生物が持つ最も基本的な防御システムだ。

免疫にはもう一つ、「獲得免疫」と呼ばれるものもある。はしかや水疱瘡《みずぼうそう》などの病気は、一度かかれば、基本的に再び感染することはない。感染した病原体の特徴を記憶し、次からはより効率的にそれを殺す仕組みを人体が備えているためである。

自然免疫と同様の防御機構は、昆虫やカブトガニなどの下等生物にもある。その一方、獲得免疫を持つ生物は脊椎動物以上に限られる。そのため免疫学者の間では、獲得免疫より自然免疫のほうが〝下等〟なシステムであると、長年考えられてきた。

しかし2000年代に入ってから、獲得免疫が正常に機能する上で、自然免疫が非常に重要な役割を果たしていることが解明された。自然免疫と獲得免疫は、いわば車の両輪のように相互を補完しながら、どちらも高等生物の生存にとって欠かせない「バリア」となっていることが分かったのだ。これは大阪大学微生物病研究所の審良《あきら》静男教授らの研究グループによる成果で、竹内氏も以前、この研究に一員として参加していた。

炎症はなぜ起こるのか

竹内氏が特に研究テーマの中心としてきたのが、「自然免疫における〝炎症〟の制御機構」である。

炎症といえば、病気にかかったときに発熱したり、皮膚炎などで傷口が化膿して赤く腫れ上がる状態をイメージする。実はその実態は、病気や感染症の原因であるウイルスや細菌に対して免疫機構が闘っているのであり、いわば炎症とは、免疫機構による極めて重要な防御反応なのである。

「炎症反応において中心的な役割を担っているのが、『マクロファージ』と呼ばれる細胞です。マクロファージは『貪食《どんしょく》細胞』とも呼ばれ、生体内に入ってきた病原体などの異物を、自らの内に取り込んで殺す役割を果たしています。それと同時に、病原体が侵入したことを他の細胞に知らせる〝警報装置〟の機能も持っています」

マクロファージの表面には、「トル様受容体」と呼ばれる突起があり、これが体内に入ってきた病原体の糖脂質やRNA（リボ核酸）、DNA（デオキシリボ核酸）などの構造を認識する。

病原体に感染したことを見つけたマクロファージは、周囲の細胞に感染の情報を伝達するために、「サイトカイン」と呼ばれるタンパク質をアラームのように放出する。

サイトカインには、インターロイキン1（IL－1）、インターロイキン6（IL－6）などと呼ばれる、複数の種類が存在する。これらが周囲の細胞に広がったり、全身に影響

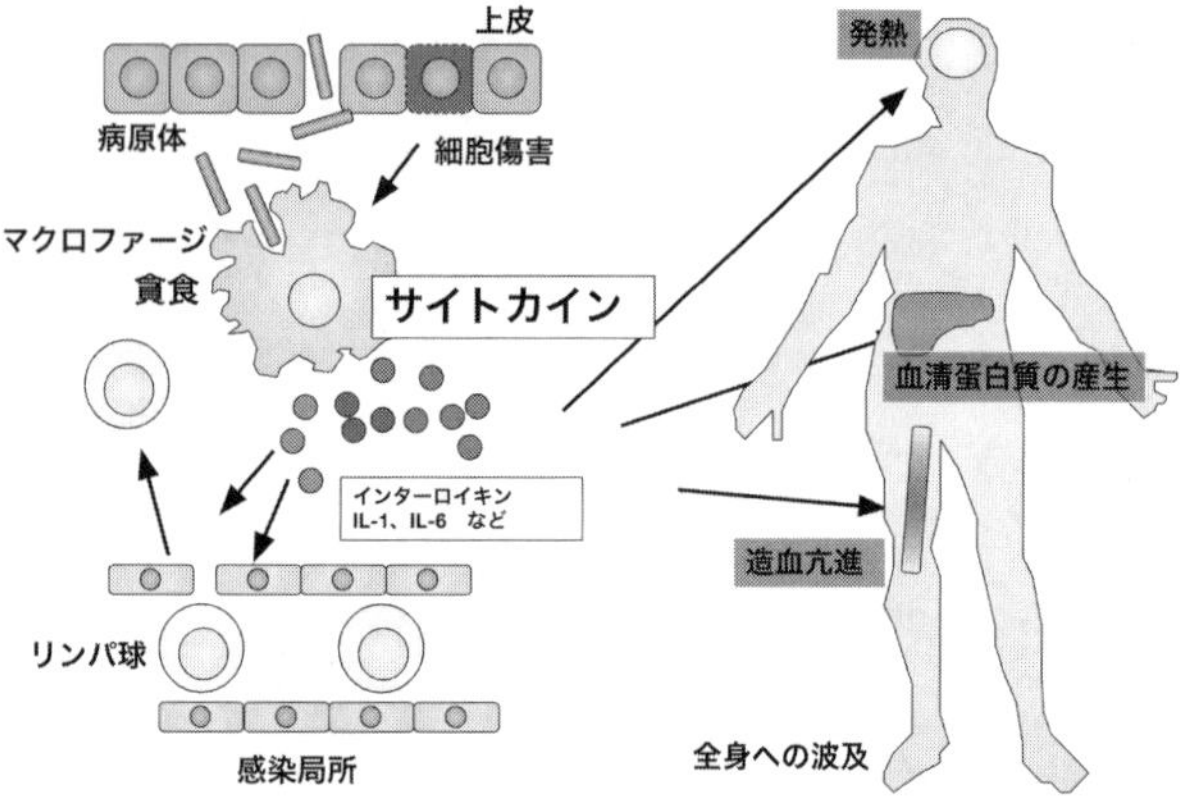

マクロファージから産生されるサイトカインは、炎症反応において、中心的な役割を果たしている。（京都大学ウイルス研究所提供図版）

していくことで、病原体を捕食するリンパ球などを引き寄せ、造血作用や発熱を促すなど、ドミノ倒しのように次々と炎症反応を起こしていく。マクロファージが生み出すサイトカインは、厳密に調整され免疫が働きすぎないようにできている。

要するに、病気になると発熱したり患部が腫れて熱を持ったりするが、それは免疫反応によって炎症が起こっているからに他ならない。患っている本人にとってつらい症状ではあるが、それは自分の身体を防御し修復しようと、免疫システムが必死で頑張っている証なのだ。

免疫の暴走が招く病の重篤化

炎症反応というのは、ミクロの目で見れば、病原体に侵された細胞が損傷され、修復されていくプロセスと言える。そのため、もし病原体に感染しても炎症が起こらなければ、その生物はやがて多くの細胞が病原体に侵食され、死に至ることになる。

しかし一方で、病原体に免疫機構が過剰に反応し、必要以上の炎症を引き起こせば、逆にそれが原因で健康が損なわれたり、生命の危機に陥ることがある。いわゆる「自己免疫性疾患」と呼ばれる病気が、そうした免疫システムの過剰反応によって引き起こされる病の一つである。竹内氏は説明する。

「2020年初頭から世界中で猛威を振るう新型コロナウイルスも、重症化した患者は重い肺炎を発症し、それが原因で命を落とす人がたくさんいます。実はそれにも、免疫の暴走が深く関わっているのです」

新型コロナウイルスの患者の肺炎が悪化し、命の危険に陥っているとき、その身体には「急性呼吸窮迫症候群」という病態が起きている。要因の一つは、感染するウイルスの量が多いために、免疫応答が強く起こりすぎることだ。

新型コロナウイルスに感染すると、患者の体内ではマクロファージが活性化し、先述したインターロイキン6といったサイトカインなどの免疫応答物質が大量に放出される。サイトカインは白血球の一種である「好中球」を刺激する。好中球は組織内を動き回ってウイルスを食べていく。しかしそれと同時に活性化しすぎた好中球は、肺の細胞壁も攻撃して壊してしまう。すると肺の血管内に含まれる水分が外部に出てしまい、肺の酸素と二酸化炭素を交換するガス交換機能がうまく働かなくなる。かなり重篤な肺炎になると、「陸上にいながら水に溺れたように呼吸ができなくなる」と言われるが、それはこうしたプロセスが肺の中で起きているためだ。

新型コロナウイルスの感染で患者が死に至ってしまうのは、ウイルス自体が起こす悪影響よりも、ウイルスに対する免疫応答が強く起こりすぎてしまうこと、その現象が大きな要因なのである。

免疫を抑制する二つのブレーキ

竹内氏の現在の研究テーマの中心は、サイトカインの制御システムである。免疫機構の「伝達物質」であるサイトカインの放出と抑制が、どのような仕組みでコントロールされているのかを解明することだ。

「サイトカインがつくられるプロセスは、かなり明らかにされつつあります。ところが、抑制、すなわちブレーキのほうの仕組みはあまり分かっていませんでした。そこで我々が注目したのが、サイトカイン放出の引き金である『mRNA（メッセンジャーRNA）』です」

mRNAとは、簡単に言えば「タンパク質を合成するための情報を持った物質」である。タンパク質の合成とは、生物の細胞内でmRNAが「伝令」のように核の中にあるDNAの情報を転写して移動し、リボソームという核の外にある小器官に情報を伝え、それに基づいてタンパク質がつくられるというのが一連の流れだ（「翻訳」と呼ばれる）。免疫応答で重要な役目を果たす「サイトカイン」もタンパク質なので、免疫が働くときにはサイトカインを合成するためのmRNAが必要となる。つまりmRNAの量によって、放出されるサイトカインの量はコントロールされているというわけだ。

そこで竹内氏は、mRNAを壊す機能に着目した。

「mRNAを分解する機能を担っているのが、『レグネース1(Regnase-1)』『ローキン(Roquin)』という二種類のタンパク質です。これらは、それぞれが別々のタイミングでmRNAを分解することで、サイトカインの必要量以上の放出を抑制しています。我々は、細胞内のどこで、どのタイミングでそれぞれが働いているのか、実験によって明らかにしました」

レグネース1とローキンが、どちらもmRNAにある特殊な遺伝子の配列(「ステムループ構造」と呼ばれる)を目印にして標的を見つけていることが明らかになった。そして、それらは機能する場所とタイミングをその都度変えながら巧妙に炎症をストップさせていることが判明した。

「喩えて言うならば、自動車にフットブレーキと、サイドブレーキがあるようなものです。レグネース1が走っている車を特定のタイミングで止めるフットブレーキの役割を果たしているのに対し、ローキンは駐車中の車が動き出さないようにするサイドブレーキのイメージです」

肺の線維化を抑えるレグネース1

さらに別の分かりやすい例もある。

「レグネース1とローキンは、スーパーの店頭で働いている人と、問屋で働いている人の違いとも言えます。どちらの人も、食料品の在庫を管理する仕事をしています。それぞれの人が、お互いの場所で目を光らせているから、腐った食べものが店頭に並んだり、必要以上の量の野菜が出荷されないようになっているわけです。同様に人体でも、この二つのタンパク質が、違う場所とタイミングでmRNAを分解することで、過剰な免疫応答を抑制しているのです」

竹内氏らは、レグネース1とローキンを持たない実験用マウスを生み出した。するとそのマウスは、生まれてからすぐに自己免疫性疾患を発症し、死んでしまうことが分かった。

「2016年頃までは、レグネース1がマウスの免疫応答で重要な役割を果たしているのは確かなものの、人体でも同じぐらい重要な役割を果たしているかは、分かっていませんでした。しかし近年の研究で、人体の免疫システムにおいても、レグネース1が極めて重要な機能を担っていることが解明されつつあります」

その一つの成果が、2020年に竹内氏らの研究グループが発表した「特発性肺線維症」という難病についての論文である。肺をつくる組織の肺胞は、呼吸に伴って膨らんだり縮んだりしている。肺線維症とは、慢性的に肺の細胞が「線維化」し、固くなっていくことで、肺胞が膨らみにくくなっていく病気である。比較的ゆっくりと進行していくが、発症すると生存期間の中央値は3〜4年と言われ、命に関わる病気だ。

この病気にかかる原因は、粉じんの吸入や、関節リウマチなどの膠原病《こうげんびょう》などが挙げられているが、重症化してしまう人の病態の進行については不明なことも多く、治療法も限られているのが大きな問題となっている。

「最近、その肺の線維化に、『2型自然リンパ球（ILC2）』という細胞が関わっていることが分かってきました。これは2010年に発見された新しいリンパ球で、種々のサイトカインを多量に生み出す免疫細胞ですが、同時に、喘息《ぜんそく》などのアレルギー疾患の発症や悪化をもたらすことも分かっています。レグネース1を欠損したマウスは、このILC2が特に増加しており、肺線維症のモデルがより悪化しました。つまり、レグネース1はI

LC2の働きを抑制して、肺の線維化を防ぐ働きを担っていると考えられるのです」

多くの治療につながる炎症のメカニズム解明

さらに、ヒトの肺線維症患者由来の肺胞のILC2細胞を解析したところ、その中に含まれるILC2の数が多いほど、レグネース1の発現量が少ないことが分かった。これはヒトにおいても、レグネース1がILC2を抑制していることの証であると考えられた。

「現在、肺線維症に対するいろいろな治療薬が世界中で試されていますが、レグネース1の働きを用いた免疫応答に働きかける薬剤は、まだありません。私たちの研究成果を基に、肺線維症に対する新しい切り口の治療法や新薬が開発されていくことを、期待しているところです」

内臓が「線維化」することで発症する病気には、他にも肝硬変や腎硬化症などのやはり命に関わる難病がある。竹内氏は、「そうした他の臓器の線維化においても、レグネース1を介して線維化を抑制するメカニズムが存在している可能性があります。今後の研究の展開によって、それらの難病の治療に新たなアプローチが見つかるかもしれません」と言う。

生物内の炎症を精密に制御する仕組みは、自己免疫性疾患を防いでいるだけではないらしい。最近では、動脈硬化や肥満による糖尿病、メタボリックシンドロームなども、免疫システムの不調による血管や脂肪組織の慢性的な炎症が要因だと言われており、免疫反応の制御機構の解明は、数多くの病気の治療に役立つと期待されている。

「免疫不全症や、自己免疫疾患、炎症性疾患には、未だに原因がよく分からない病気がたくさんあります。炎症のメカニズムを解明することで、そうした病気の治療や予防に少しでも貢献できれば、研究者としてそれ以上の喜びはありません」

実際に、新型コロナウイルスに感染した重症患者に対しての治療では、免疫反応を抑制することで非常に効果を上げる薬がすでに開発されている。「トシリズマブ」というその薬品は、先述のインターロイキン6の受容体に結びつくことで、患者の肺の免疫系の暴走を抑え、重症化を防ぐことが分かっている。がんの免疫治療では免疫を「活性化」させることで画期的な薬が生まれているが、その一方で「ブレーキ」をかけるアプローチでも、さまざまな病気の新しい治療法が生まれつつあるのだ。

「世界で他の誰も知らないこと」へ

竹内氏は福井県に生まれ、高校卒業後、大阪大学医学部に進学、のちの大阪大学総長、岸本忠三《ただみつ》教授のもとで免疫学を学んだことが、この研究の道に入るきっかけとなった。岸本教授は、サイトカインの一種であるインターロイキン6を発見し、関節リウマチの特効薬の開発に多大な貢献をした人物だ。竹内氏は大学を卒業後、研修医として内科勤務を経て、免疫学の世界的権威として知られる大阪大学の審良静男教授の研究室に入った。それが、今に至る道を決定づけた。

「1999年、ヒトには10種類の『トル様受容体』というタンパク質があることが発見され、どんな機能を果たしているのか、世界中で研究が始まっていました。私もそこで初めて論文を発表し、それぞれのトル様受容体の機能についてまとめました。研究していると、1年のうち300日ぐらいは苦しいんですが、誰も知らなかったことが分かったときの嬉しさは格別です」

何よりも面白いのは、「世界で他の誰も知らないことが分かったとき」だと竹内氏。「重箱の隅をつつくようなテーマではなく、免疫システムの中枢を明らかにするような研究に取り組んでいきたいと思っています。それはとても難しいテーマでありますが、それだけに人類にとって重要です」と抱負を語る。

21世紀に入ってから、各種の計測・分析技術の発展により免疫学は急激な進歩を続け、世界各国の研究競争も、年を追うごとにますます熾烈を極めている。その先端を走る竹内氏の研究に、これからも大きな期待が寄せられる。

（取材執筆／大越 裕）

6

老いの制御の今と未来

本橋ほづみ　教授
東北大学　加齢医学研究所

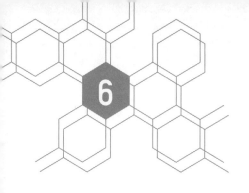

撮影／原渕將嘉・梅原祐一

本橋ほづみ（もとはし・ほづみ）

1966年生まれ。1990年東北大学医学部卒業。1996年東北大学大学院医学研究科修了、博士（医学）。筑波大学先端学際領域研究センター助手（分子発生生物学）、米国ノースウェスタン大学客員研究員、筑波大学先端学際領域研究センター講師（分子発生生物学）、東北大学大学院医学系研究科助教授（医化学分野）を経て、2013年より現職（加齢制御研究部門遺伝子発現制御分野）。

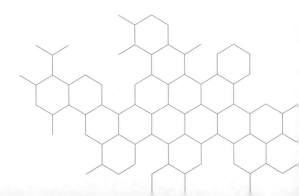

老化現象は不可避か

人はみな、一つの「時計」を持って生まれる。それは人それぞれに異なった時間を刻む。そして今、どの過程を指し示しているのかは、正確には誰にも分からない。分かったとき、それが寿命である。

この時計が時を刻み続ける限り、避けられないと考えられているのが身体の「老化」であり、この時計が止まるとき、人が等しく迎えるのが「死」である。

老化や死は、不可避の自然現象だとながらく考えられてきた。

しかし近年、老化を制御する方法を模索する研究者や企業が世界中で現れている。これは日本のライフサイエンスにおける研究とも縁が深い。

日本でも『LIFESPAN（ライフスパン）：老いなき世界』（東洋経済新報社／2020年）の著者として広く知られるハーバード大学医学大学院のデビッド・A・シンクレア教授は、2020年12月に「リプログラミングで若々しいエピジェネティック情報を取り戻し、視力を回復させる」[*1]と題された論文を、国際学術誌『ネイチャー』に発表した。それには、視覚が損失した緑内障のマウスおよび老化したマウスの網膜神経節細胞に、「Ｏｃｔ４」、「Ｓｏｘ２」、および「Ｋｌｆ４」という「転写因子」を発現させることで、老化の時計を逆転させ、視力を回復する実験が報告されている。転写因子とは、生命の設計図である遺伝子から必要なものをつくり出すための、スイッチのような働きをするものだ。

これらの転写因子は、通称「山中４因子」と呼ばれているものに属している。お察しの通り、山中伸弥氏由来の名称だ。これらは「ｉＰＳ細胞」の作製に欠かすことができないものであり、「リプログラミング」という言葉は、ｉＰＳ細胞の開発で知られる山中教授が２０１２年にノーベル賞を受賞するきっかけとなる２００６年の論文[*2]の、サマリー（要約文）の1行目にも記されている。現在、山中教授は米スタートアップ企業「アルトス・ラボ」の上級科学アドバイザーを務めているが、そこは「若返り」を研究テーマとするスタートアップ企業である。遺伝子編集技術「CRISPR-cas9（クリスパー・キャスナイン）」の開発でノーベル賞に輝いた生物学者ジェニファー・ダウドナも名を連ね、ジェフ・ベゾスらが投資することからも分かるように、今、「老化の制御」は世界の知と資本が最も集まる研究の一つなのだ。

ストレスの鍵を握る転写因子

東北大学加齢医学研究所の本橋ほづみ教授は、転写因子と老化、その交差点で「酸化ストレス応答」について研究している。

「酸化ストレス応答」とは文字通り、酸化ストレスに対する応答、つまり身体の防御機構のことである。私生活で心理的なストレスを与えられたとき、私たちは自分を守るために何らかの対処をする。細胞内での異常な、あるいは過剰な酸化反応に対し、それらがもたらす不利益から防御を行っているのが、酸化ストレス応答である。

私たちは、呼吸によって酸素を取り入れ、自らの生命を維持している。身体に取り込まれた酸素の一部は、反応性の高い「活性酸素」に変わり、免疫機能や感染防御、生理活性のために用いられる。しかし、活性酸素が過剰になり、身体の抗酸化防御機構を上回ること（酸化ストレス）で、身体の細胞を損傷してしまう。結果として、がんや老化、生活習慣病が引き起こされてしまう。本橋氏は話す。

「酸化ストレス応答において重要な役割を果たす転写因子が、『Ｋｅａｐ１－Ｎｒｆ２システム』と呼ばれるものです。Ｋｅａｐ１－Ｎｒｆ２システムは、抗酸化、抗老化そしてがんのメカニズムに深く関わる、ストレス応答型の転写制御システムです」

本橋氏は、東北メディカル・メガバンク機構の機構長を務める東北大学大学院医学系研究科の山本雅之教授と出会ったことをきっかけに、Ｎｒｆ２を含む「ＣＮＣ－ｓＭａｆ転写因子群」と呼ばれる一連の転写因子の働きの研究を始めた。以来、一貫して、これら転写因子の生化学的な性質と生体における機能の解明に携わってきた。最近では「病気に関係した研究をしたい」と考え、ＣＮＣ－ｓＭａｆ転写因子群の中でも、抗酸化作用や解毒作用に深く関わる転写因子「Ｎｒｆ２」に主眼を置き、酸化ストレス応答の仕組みに注視した研究を行っているのだ。

ここで、転写因子の働きや酸化ストレス応答が起きている現場に目を向けてみよう。

転写因子の働きや酸化ストレス応答は、私たちの全身にある37兆個とも言われる細胞で常に起きている。ではまず、細胞一つに視点を移し、さらに中枢にある〝核〟の中を覗いてみよう。ヒトの細胞の平均的な大きさは直径約20マイクロメートル、すなわち０・02ミリである。極小の世界の出来事であることを想像していただきたい。

核の中には、身体の設計図とも言われる「DNA（デオキシリボ核酸）」が存在する。体内で特定のタンパク質をつくる必要があるとき、まずはDNAから、そのために必要な情報が〝転写〟される。転写先は、新型コロナウイルスのワクチンですっかり有名になった「mRNA（メッセンジャーRNA）」である。

すると、このmRNAはその名の通り〝メッセンジャー（伝令役）〟として、核の外にあるタンパク質の合成工場「リボソーム」へと、転写した設計図を運んでいく。そして、「リボソーム」でタンパク質が合成される。

二つの顔を持つ転写因子Nrf2

次に、Nrf2について、詳しく説明しよう。

Nrf2（Nuclear factor-erythroid 2 related factor 2）は、普段は身体を健康な状態に維持するための「生体防御機構」を担い、細胞をストレスから守る「酸化ストレス応答」の核となる働きをしている。

Nrf2は通常、「Keap1」という「抑制性制御因子」によって細胞質内で分解され、機能しないようになっている（Ｋｅａｐ１－Ｎｒｆ２システム）。Ｋｅａｐ１は「ストレスセンサー」と呼ばれ、私たちの身体が毒や酸化にさらされたとき、細胞内でいち早く感知してくれる。

するとＮｒｆ２は細胞核内に蓄積して転写因子としての機能を発揮し、「抗酸化タンパク質」や「解毒酵素」を生み出す。また、身体において大切な抗酸化物質である「グルタチオン」の合成を促し、酸化ストレスから細胞を守る。いわばこのシステムは、身体のパトロールと暴動の鎮圧を行う仕組みなのだ。本橋氏は語る。

「現在、Ｋｅａｐ１－Ｎｒｆ２システムは欧米の研究者が注目して研究開発を進めており、抗酸化や抗老化の応用研究もかなり盛んに行われている印象です」

Ｎｒｆ２はがんにも深く関係している。本橋氏はそこにも着目し、がんの新たな治療法確立をも目指している。

がんといえば、コントロールできない増殖を繰り返す細胞だということは周知の通りだ。しかし、細胞の増殖能力は、私たちの身体になくてはならない機能である。

私たちの身体は37兆個もの細胞でつくられている。今この瞬間にも新たな細胞が生まれ、古くなった細胞と置き換わっているのが人体だ。Ｎｒｆ2は、こうした増殖中の細胞の中でも重要な役割を果たしている。

後で詳述するが、「幹細胞」と呼ばれる増殖する細胞は、増殖する際、自分と同じ能力を持つ細胞に分裂する（自己複製能力）。細胞が分裂後も機能し続けるには、分裂前の細胞が持っていた資源を二倍に増やす必要がある。ＤＮＡは特に重要な部品であるのは言うまでもないが、Ｎｒｆ2は、ＤＮＡの素材となる「核酸」の合成を活性化している。私たちが眠っている間にも、37兆の奇跡を細胞は起こし続け、私たちの身体を形づくり、その恒常性を維持しているのだ。

しかし、正常に働かない細胞もときに生まれる。その多くは修復、または排除されるが、野放しにされてしまうこともある。それらは異常な増殖を繰り返して悪性化し、周りにある組織や臓器を壊したり、正常な働きを阻害したりする。それこそが悪性腫瘍「がん」である。

本橋氏は、生体がストレスを受けた際、細胞内でどのような応答が起きているかの研究

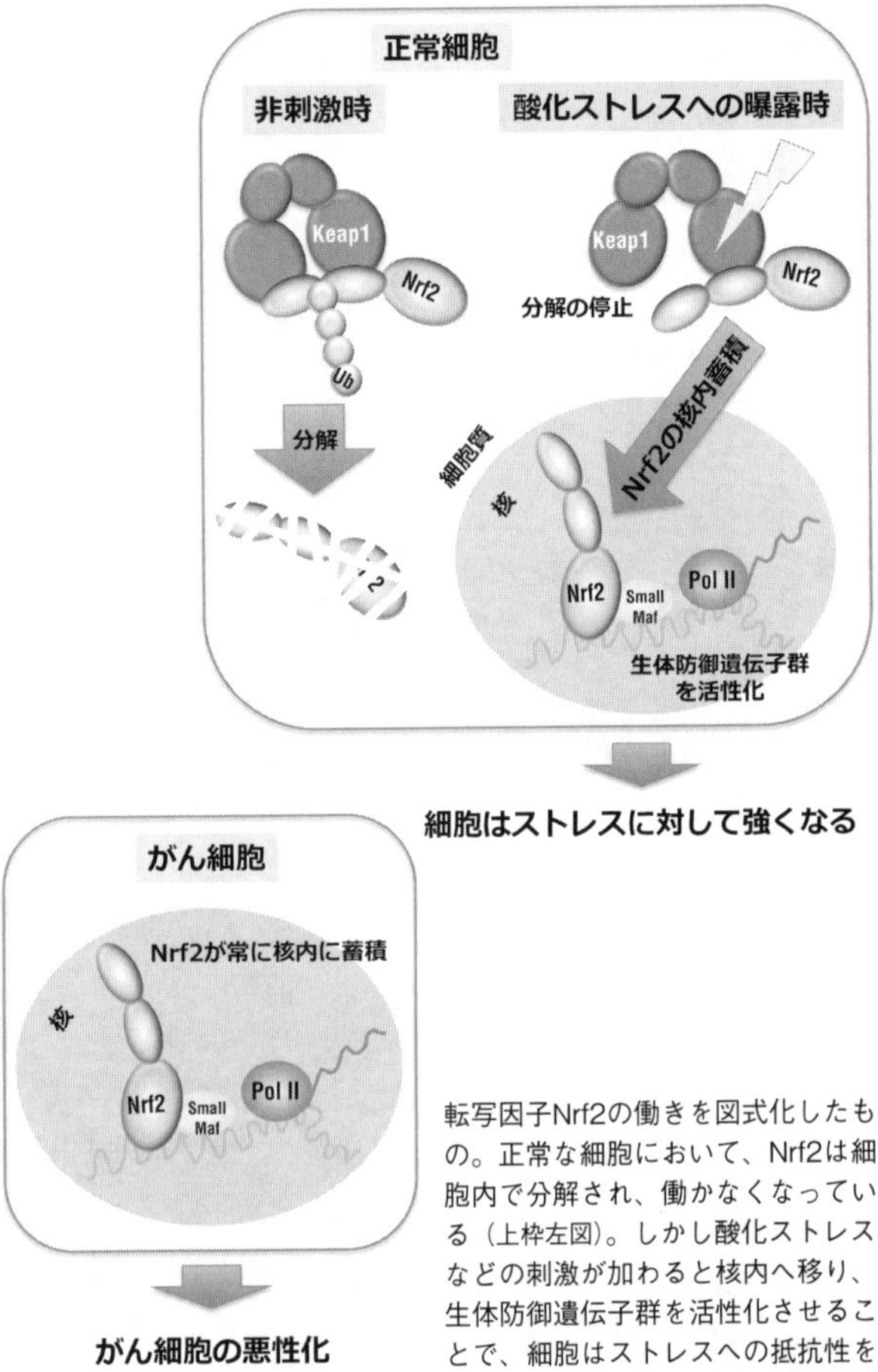

転写因子Nrf2の働きを図式化したもの。正常な細胞において、Nrf2は細胞内で分解され、働かなくなっている（上枠左図）。しかし酸化ストレスなどの刺激が加わると核内へ移り、生体防御遺伝子群を活性化させることで、細胞はストレスへの抵抗性を獲得する（上枠右図）。ある種のがん細胞では、Nrf2が常に核内に蓄積し、悪性化に貢献する（下枠）。

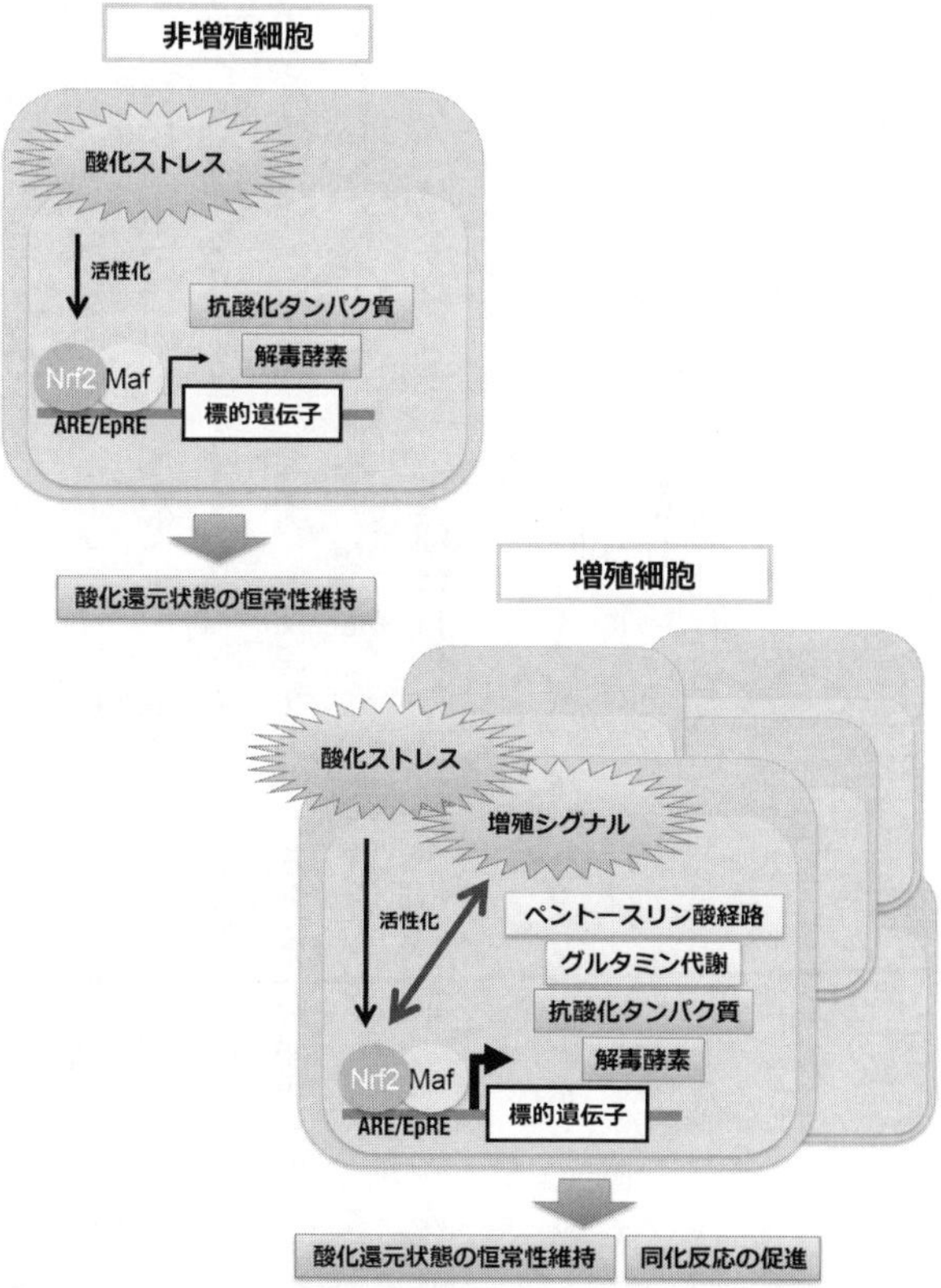

がん細胞におけるNrf2と増殖シグナルの正のフィードバックの図式。非増殖細胞（上）とは異なり、増殖シグナルを発する増殖細胞内（下）ではNrf2の機能は増強される。Nrf2は、生体防御機構のストレス応答による「抗酸化タンパク質」「解毒酵素」の生成に加え、「ペントースリン酸経路」「グルタミン代謝」などの代謝に影響を及ぼす。Nrf2の機能亢進が、増殖シグナルをさらに増強するという正のフィードバックとなり、細胞の増殖はさらに促進される。（左右頁共に本橋氏提供図版）

にさらに取り組んだ。その過程で、Ｎｒｆ２が、がん細胞の増殖メカニズムに深く関わっていることを発見する。不思議なことに、通常は身体の暴動鎮圧部隊であるＮｒｆ２は、がん細胞の中ではかえってがん細胞を強化させる方向に作用している、と指摘する。

「がん細胞では、細胞の増殖を促すシグナルが常に強力に働き続けます。このときＮｒｆ２も活性化され、核酸が次々と合成されます。さらに、抗酸化物質であるグルタチオンの合成も促進され、がん細胞は強い抗酸化機能や解毒機能を獲得し、ストレスに耐えられるようになります。つまり、人間は自らの生体防御機構によって、がん細胞を増殖させ、生き延びさせてしまうのです」

なんとも皮肉な話であると同時に、がん細胞の知略には驚かされる。

だが、この研究成果は、生体防御機構を担うＮｒｆ２が、がん細胞ではその増殖を促進する因子になっていることを発見したのだと言える。それゆえ、がん細胞のＮｒｆ２の機能を選択的に阻害することで、がん治療に結びつけたいというのが次なる課題だ。

最新の研究では、Ｎｒｆ２が活性化したがんに特化した治療法開発も報告されている。

Ｎｒｆ２が活性化しているがんを治療するためには、Ｎｒｆ２の活性を抑制すれば良いとされる。しかし、Ｎｒｆ２は身体の防御機構でもあるため、これを抑制すると身体の恒常性に悪影響が出てしまう。そこで考えたのが、「がん幹細胞性」を制御することで治療に結びつける方法だ。

がん幹細胞性とは、がんが備えているとされる性質だ。幹細胞とは、さまざまな細胞をつくり出す「分化能」と、同じ細胞に分裂し複製することのできる「自己複製能」を持つ細胞であり、正常な状態では、私たちの身体の恒常性を支える上でなくてはならない存在である。

しかしながらこの性質は、がんにおいてはがんの無限の増殖に一役買ってしまう（がん幹細胞性）。さらには、強い薬剤耐性も持ち、がん細胞を増やし続け、再発・転移の原因となることが知られている。要するにがん幹細胞性は、身体にとって害をもたらす性質なのだ。

本橋氏らの研究グループは、Ｎｒｆ２が活性化している肺がんにおいて、がん幹細胞性の維持に欠かせない遺伝子「Ｎｏｔｃｈ３」を特定し、これを治療ターゲットにした。

「Ｎｏｔｃｈ３タンパク質は、細胞膜の中で働くタンパク質『膜タンパク質』であることも治療にとって利点となります。Ｎｒｆ２が活性化したがん細胞は特に強力な解毒作用を持っているのですが、膜タンパク質であれば、細胞の外からでも制御できる。がん細胞の解毒作用に関係なく、治療に使えるターゲットだと考えられます」

アルツハイマー病治療への模索

Ｎｒｆ２と深い関係を持つ病気は、がん以外にも数多い。

慢性的に騒音にさらされることによって発症する聴覚障害「騒音性難聴」や、加齢によって発症する聴覚障害「老年性難聴」などがそれらの疾患だ。

Ｎｒｆ２の量は遺伝子型によって決まるが、Ｎｒｆ２が欠損したマウスは、騒音性難聴になりやすいことが分かってきている。Ｎｒｆ２を活性化させて酸化ストレス応答を強化すると、疾患が予防できる可能性もあるという。

「この研究が教えてくれることは、Ｎｒｆ２の遺伝子型によって、日常生活での注意点が変わるということです。Ｎｒｆ２が少ない人は、騒音やストレスにさらされると、その影響が大きく現れます。さらに病気になって治療する際にも、Ｎｒｆ２の量が少ないと薬の副作用も出やすくなることが予想されます。Ｎｒｆ２の遺伝子型は、医療の現場でこれから利用できる重要な情報だと思っています」、と本橋氏は話す。

Ｎｒｆ２のメカニズム解明は、がんや難聴以外にも、さまざまな治療に貢献する可能性がある。アルツハイマー病もその一つだ。

「最近、アルツハイマー病は『神経炎症』だと考えられるようになりました。その際に、酸化ストレス応答が治療の鍵になるという報告が多数なされています。Ｎｒｆ２を活性化させ、酸化ストレスに対して強い状態にしたほうが、アルツハイマー病の改善に有効だろうという考え方はすでにあり、私たちの研究チームはマウスを使った実験で、その有効性を実証しました。また、ストレス応答と高次脳機能の関係性に着目した研究も出始めています」

また、「多発性硬化症」もＮｒｆ２と深い関係を持つ病気である。免疫系の異常により中枢神経に神経炎症が生じ、神経伝達が正常に行われなくなり、そのために突然目が見えなくなったり、手足に麻痺が生じたりする難病だ。その治療薬としても、Ｎｒｆ２を活性化させる化合物がすでに承認されている。

「Ｎｒｆ２が活性化すると、なぜ、多発性硬化症の病状が緩和されるのかについては、まだよく分かっていません。私たちはそのメカニズムに大きな興味を持って、研究を進めていいます。これらの難病の解決の鍵を握るのがＮｒｆ２であっても、不思議ではないと考えています。

現在、所属している東北大学加齢医学研究所では、認知や学習といった高次脳機能に関する研究にも力を入れています。これまで長年行ってきた酸化ストレス研究を、脳機能研究と融合させて、これらの病気の克服を目指したいと考えています」

細く長くか、太く短くか

「まだ少し先の未来かもしれませんが、老化は制御できるようになるかもしれません」、と氏は切り出した。まだメカニズムは判明していないが、Ｎｒｆ２の活性化で抗老化作用がもたらされることが報告されているのだという。

そもそも老化とは何だろう？　氏によれば、加齢というのは、単に齢《よわい》を重ねること。老化というのは、加齢に伴って臓器の機能低下が起きる現象を指す。

そして抗老化作用とは、先述した抗酸化作用と抗炎症作用が複合することによって達成されるという。一方、老化による身体のトラブルは、炎症が長引いた状態である「慢性炎症状態」によって引き起こされるという。

抗老化作用において、本橋氏が注目しているのが、「ミトコンドリア」である。

ミトコンドリアは、私たちの細胞内にある「細胞小器官」であり、酸素からエネルギー（アデノシン三リン酸：ＡＴＰ）をつくり出す生産工場である。ミトコンドリアが機能低下を起こしてエネルギーの代謝異常に陥ると、細胞機能障害が起きる。また、ミトコンドリアは、先述した活性酸素を生み出すことから、老化や疾患に深い関わりがあるとされている。

「近年になって、ミトコンドリアの硫黄代謝がエネルギーの産生に深く関わっていることが明らかになりました。その代謝物は『超硫黄分子』と呼ばれ、体内に非常に多くの量が存在することが分かってきています。超硫黄分子が減ると、ミトコンドリア内の活性酸素値が増えるとともに、ＡＴＰ産生にも異常をきたします。そしてＮｒｆ２は、細胞の硫黄利用、硫黄代謝を制御していることが知られており、Ｎｒｆ２を活性化するとミトコンドリア機能が改善されます。現在、そのメカニズムを詳細に分析しています」

本橋氏が「老化を制御できる」とする真意は、Ｎｒｆ２を活性化することで「健康寿命」を促進するということだ。

寿命には「平均寿命」と「健康寿命」があると言える。平均寿命とは、新聞やニュースで目にする統計的な寿命である。健康寿命は寿命のうち、健康で自立した生活ができる時間のことである。

では、Ｎｒｆ２の活性化はどのようにするのだろう？「薬よりも食事」と本橋氏は言う。

「老化の制御とは、健康寿命を伸長することですが、それは西洋医学的な薬ではないように感じます。たとえばブロッコリースプラウトのスルフォラファン、パクチーに含まれるアルテンなどがＮｒｆ２の活性化に寄与しますが、これらを日々の食事から摂取していくことで、抗老化の恩恵にあずかるということです」

しかし老化の制御は良いことばかりではなく、死にまつわる哲学的な問いも投げかける。

と言うのも、マウスの実験では、Ｎｒｆ２を活性化させているマウスは「太く短い」人生、改め鼠生を生きることになるからだという。

「マウスは、概ね24～34カ月で寿命を全うします。Ｎｒｆ２を活性化させているマウスは、18～20カ月目までは老化の表現系も出ず、非常に良い状態です。しかし、24カ月目手前になると、むしろＮｒｆ２を活性化させていないマウスよりも先に弱ってしまう。これはＮｒｆ２がずっと活性化していることの弊害なのか、まだ詳しいことは分かりません」

Ｎｒｆ２を活性化させることで、代謝も上がり、肥満にもならず、運動も活発になるという。つまり、健康寿命は伸びるということだ。その代わり、いわゆる平均寿命の視点から見ると、Ｎｒｆ２を活性化させたマウスは短命となる運命なのだ。

「彼らが私たちに投げかけている問いは、ほどほどの細く長い人生か、活発で太く短い人生かを選べるようになった未来、私たちはどのように判断するのか、ということかもしれません」

私たちは皆、寿命を数える時計を持って生まれる。

従来の医療では、この時計を、時として本人の意志とは関係なく、止まらないようにすることが行われる。

しかし、老化が制御できるようになる未来、「時計を止めないようにする」ことだけが医療ではなくなる。

その時計が時間を刻むのを、自分の目で見続ける意味を大切にすることや、自分の身体を把握し、自分の意志でその時計を止めることが、時として人間の尊厳を守ることもあるのだ。

老化の研究と、そこから生まれる医療は、そうした自らの寿命と向き合う方法や選択肢をより増やしていくことだろう。つまり、死に方はより多様化するのかもしれない。

そうした進歩は、老いることを身体的な苦痛からいくぶん解放するかもしれない。しかし同時に、死に方の多様化と対峙し、「選べない」という精神的苦痛もまた、新たに生まれるのかもしれない。

私たちは、生き方だってうまく選べないことが多いのだから。

（取材執筆／森 旭彦）

＊1　Reprogramming to recover youthful epigenetic information and restore vision　https://www.nature.com/articles/s41586-020-2975-4

＊2　Induction of Pluripotent Stem Cells from Mouse Embryonic and Adult Fibroblast Cultures by Defined Factors　https://www.cell.com/action/showPdf?pii=S0092-8674%2806%2900976-7

7

分子心理免疫学で「病は気から」を解明する

村上正晃　教授
北海道大学　遺伝子病制御研究所

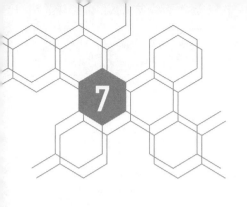

撮影／島田拓身

村上正晃（むらかみ・まさあき）

1963年生まれ。1993年大阪大学大学院医学研究科博士課程修了。北海道大学免疫科学研究所助手、コロラド大学客員准教授、大阪大学大学院医学系研究科助教授、同大学院生命機能研究科准教授を経て、2014年より教授。16年から20年まで北海道大学遺伝子病制御研究所所長、21年より量子科学技術研究開発機構量子生命科学研究所量子免疫学グループリーダー、自然科学研究機構生理学研究所教授、22年より同大学遺伝子病制御研究所所長を再び務める。

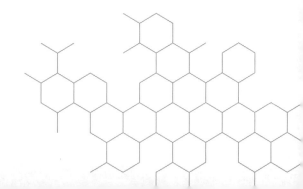

「病は気から」は本当か

一昔前なら、「病は気から」ということわざは、「気合と根性で病気なんて吹き飛ばせ」という文脈で使われたかもしれない。だが、現代ではこの言葉を、病気にならないためには「気」、すなわちストレスの対処法や心のケアが大切であるという意味で受けとめる人のほうが多いだろう。大きなストレスは、私たちの体を物理的に傷つけ、病気を引き起こすことが広く知られ、経験則的な証拠も数多く挙がっているからだ。

ところが、現象としては多く知られていても、ストレスが病気を引き起こす分子メカニズムは、まだあまり分かっていない。

最もよく調べられているのが、全身をめぐるホルモンを主役とするメカニズムだ。大きなストレスがかかると、腎臓のすぐ上にある副腎という臓器からホルモンが分泌される。これが血液にのって全身を流れ、細胞にメッセージを送ることで、血圧や血糖や免疫機能などが調整される。本来は、ストレスから体を守る機能だが、長期的にストレスが続くと、体のあちこちにさまざまな機能障害を引き起こしてしまう。現代社会でのダラダラ続くストレスは、体も想定外なのだろう。

ただし、このような全身をめぐるホルモンの働きだけでは、ストレスと病気の関係のすべてを説明することはできない。

北海道大学遺伝子病制御研究所教授の村上正晃氏は、指定難病である「多発性硬化症」を研究する過程で、神経と免疫系が相互に制御し合っている新しい仕組みを発見した。そこから、ストレスが病気を引き起こす全く新しいメカニズムが浮かび上がってきた。

招かれざる免疫細胞の侵入

多発性硬化症は、脳と脊髄《せきずい》の神経細胞の髄鞘《ずいしょう》が障害されて、視力や運動能力や認知機能など、さまざまなところに症状が現れる難病だ。髄鞘というのは電線を覆う絶縁体のカバーのようなもので、神経細胞を覆って情報伝達の効率を高めている。これが障害を受けると、神経回路による情報伝達がうまくいかなくなる。害を受けた髄鞘の場所や神経回路によって、症状も多彩になる。発症の原因は完全には分かっていないが、自己を攻撃してしまう免疫細胞が何らかの原因で生じて脳や脊髄に入り込んでしまったせいであることが、遺伝的な解析から分かっている。

免疫細胞は、ウイルスや細菌などの異物と闘うが、そのためには敵と味方をきちんと見分ける必要がある。だが、何らかの原因で自分の細胞や臓器を敵だと認識して攻撃してしまう免疫細胞が誕生してしまうことがある。そのような自己に反応する免疫細胞が原因で引き起こされる疾患群が「自己免疫疾患」で、多発性硬化症もその一つである。

「私たちは、自己の髄鞘を攻撃する免疫細胞をマウスの静脈に注射することで、多発性硬化症のモデルマウスを作製しました。自己反応性免疫細胞を入れてから1週間ほどで弱い麻痺などの症状が認められ、2週間で完全に病態が現れました。しかし、これはよく考えると、今までの常識を覆す意外な結果だったのです」

村上氏が意外な結果だと話すのは、本来、脳や脊髄には、血管中の免疫細胞は入れないはずだからである。全身の細胞は、血管を通して必要なものを取り込んだり排出したりしている。そのために血管の壁は適度にゆるみ、物質を通す仕様になっている。しかし、中枢神経（脳と脊髄）周りの血管は例外的で、血液脳関門と呼ばれる緊密な構造になっている。大事な中枢神経を守るために、血管壁の内側の細胞が密着しており、大きな分子が通れないのだ。免疫細胞も通り抜けできないはずだった。

「マウスに麻痺が起きたということは、脳や脊髄で、血管中の免疫細胞が集まって炎症が起きていることを意味します。血液脳関門があるので、血管に注射された免疫細胞は脳や脊髄には入らないはずなのに、なぜそれが起きたのか。どこかに入口があるのではないかと思って、詳しく調べることにしました」

ヒラメ筋の緊張による「ゲートウェイ反射」

処置を施し、病態を発症する前のマウスの組織を詳しく調べ、注射した免疫細胞がどこにあるのかを解析した。すると、マウスの脊髄のある場所だけに目印である蛍光が光っていた。自己反応性免疫細胞は、背骨の下側の第5腰髄《ようずい》と呼ばれる場所の血管の周囲に集まっていたのだ。


この結果から、血液中に存在する自己反応性免疫細胞の入口が、何らかの原因で第5腰髄の血管にできてしまったのではないか、と村上氏は考えた。

「第5腰髄の横にある神経節は、脚のふくらはぎの裏側にあるヒラメ筋からの刺激を受けます。ヒラメ筋は地球の重力に対して姿勢を保つために働く筋肉で、それは人間でもマウスでも同じです。そこでマウスの尻尾を器具で吊って、ヒラメ筋に重力がかからないで生活できる状態を意図的につくり出し、自己反応性の免疫細胞を血液中に投与しました。すると、今度は第5腰髄には入口が形成されず、その部分の脳脊髄炎の発症も抑えられました」

他にもいくつかの実験を重ね、村上氏はこの現象を次のようなメカニズムで説明した。

「ヒラメ筋は、重力に対抗する姿勢をとると緊張状態になります。それにより感覚神経が活性化し、その刺激は、第5腰髄横の神経節に伝えられます。その影響で、その近くの第5腰髄の交感神経も活性化します。この交感神経の活性化が、第5腰髄の背中側にある血管の免疫反応の過剰な活性化を引き起こし、入口が形成されると考えています」

特定の感覚神経に入力された刺激をきっかけに、特定の血管に入口ができて、本来侵入しないはずの血液中の免疫細胞が組織に侵入する。

この現象を「ゲートウェイ反射」と名付けた。「ゲートウェイ（Gateway）」とは、このときつくられる入口のことを指す。この成果は2012年に自然科学のトップジャーナル

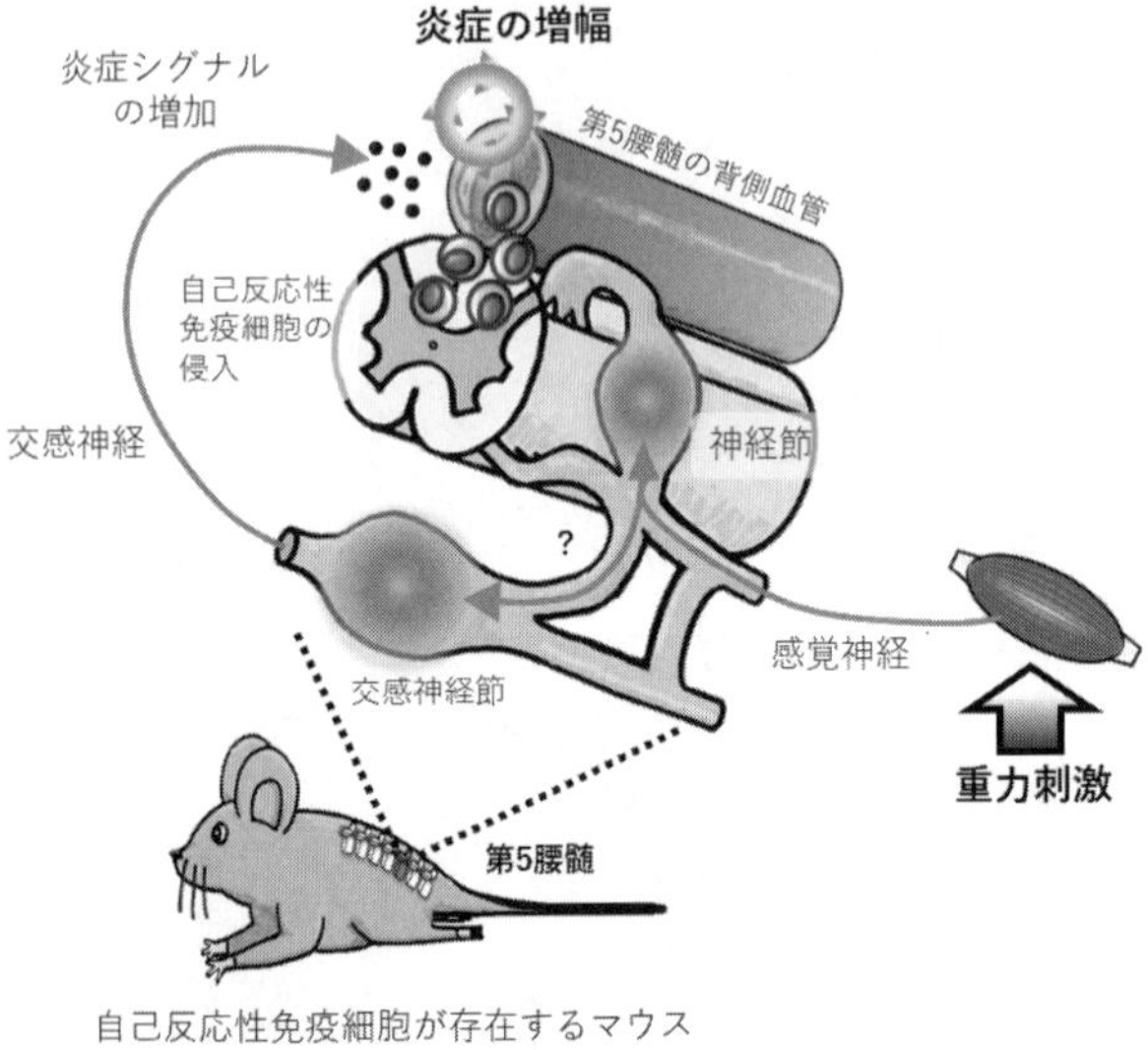

重力によるヒラメ筋の活性化が感覚神経を刺激し、第５腰髄周囲の交感神経を活性化。これによって自己免疫細胞の入口が形成される。© Ota Mitsutoshi

の一つである米国科学誌『セル』に掲載された。

この研究にはスケールの大きなおまけがある。重力の効果をさらに確かめるために、自己反応性免疫細胞を注射されたマウスは宇宙に旅立った。２０１９年にＪＡＸＡとＮＡＳＡとの共同研究で、無重力状態でゲートウェイ反射がどうなるのかを調べたのである。地上では尻尾を吊って無重力を模擬して実験を行ったが、それでは他の筋肉に力がかかっている影響を排除することはできないからだ。マウスは1カ月後に無事帰還し、解析したところ、重力の影響がない宇宙では、第5腰髄の入口はつくられなかったことが分かった。

さらに、重力以外の刺激でもゲートウェイ反射が起こるのではないかと村上氏は考え、実験を続けた。脚を吊ったマウスの上腕三頭筋を電気刺激すると、今度は第3頸髄から第3胸髄に入口が形成された。重力刺激とは違う場所だ。

また、痛み刺激や網膜への光刺激によっても、それぞれ違う場所に入口がつくられた。

弱いストレスが急死を引き起こす

2017年の実験では、それ自体では健康に影響を与えない弱いストレスを与え続けることで、自己反応性免疫細胞を注射したほとんどのマウスに急死を引き起こした。

「ストレス刺激の場合、入口は脳の特定の血管に形成されて、『ストレスゲートウェイ』と名付けました。ここに運悪く血液中に自己反応性免疫細胞が存在した場合、この血管の周りに集まって微小な炎症を発生させ、そこに分布している今まで活性化していなかった神経回路を活性化します。それが最終的に、胃と心臓につながる迷走神経回路を強く活性化して、それぞれに支障をもたらします。最悪の場合、死に至ることもありえます」

強いストレスでマウスが病気になることはこれまでにも知られていたが、今回の研究で与えたのは通常では病気を引き起こさない弱いストレスだ。それでも、自己反応性免疫細胞が血液内に存在するマウスでは、胃や十二指腸の出血や、心筋が壊れたときに放出される因子が認められたと村上氏は言う。

いったい、どのようなストレスを与えたのだろうか。

「一つは、マウスをじめじめしたところに置く実験です。マウスは濡れるのが嫌いなので、常に少し不快な状態でいることになります。もう一つは、特殊なケージで飼って、ぐっすり眠るのを妨害するというストレスです。マウスはぐっすり眠ると尾の力が抜けてだらりと下がってしまいますが、そうすると水に尾がついて、目が覚めてしまうのです」

我慢できないほどではない少し不快な場所に居続けたり、うとうとするけれどぐっすり眠れない状態を続けたりしたマウスが、血液中の免疫細胞の状態次第で急死に至る。この結果をそのまま人間に当てはめることはできないが、身に覚えのあるストレスなだけに、ぞっとする話である。生活環境の悪化や寝不足などの慢性的なストレスが、胃痛や下痢を引き起こし、心臓の機能不全など体の不調を誘発し、急死あるいは突然死を引き起こす……。リアルな「病は気から」がありありと思い浮かぶ。

神経を人為的に刺激して入口をふさぐ

マウスを使った実験では、マウスの種類によってストレスで胃が痛くなるか下痢になるかが異なるなど、人間でいう個人差のようなものまで分かっているそうだ。ストレスゲートウェイと同様の現象は人間でも見られるかもしれない、と村上氏は話す。

「北大の法医学や病理学の先生から、睡眠時無呼吸症候群や自己免疫疾患で突然死した人の検体をいただいて、人間の脳でも解析を行っています。この場合もやはり、マウスと同様の脳の部分の血管部に小さな炎症が見られ、免疫細胞が集まっている可能性が高いことが分かりました」

これを聞いて、つい自分の生活に想いを馳せて心配になった人がいたら、氏の次の言葉に安堵するかもしれない。

「ストレスがかかっているだけでは、マウスは病気になることはありません。病気が起こるのは、あくまで自己を攻撃する免疫細胞を注射した場合だけです」

実験データによると、何の処置もしていないマウスは、軽いストレスがあっても確かに元気に生き続けている。

「ただし、自己反応性の免疫細胞は、個人差はあるものの、加齢とともにどうしても増えてしまいます。また、ストレスによっても増えていきます。しかし、それらを検出したり取り除いたりすることは、現在の技術では難しいのです」

加齢による影響は防ぐことができないのなら、入口がつくられてしまわないように、気をつけるしかないのだろうか。

「ゲートウェイ反射は、神経への刺激が血管の状態を変化させるという現象です。これを逆手にとって、神経を刺激することで血管の入口を閉じることもできるのです。私たちは網膜の神経において、強い光を当てることで特定の神経細胞を過剰に活性化させ、入口を閉じることに成功しました」

病気を防ぐ微小炎症の制御

神経が血管を制御するメカニズムであるゲートウェイ反射をさらに解明し、人工的に制御することができれば、自己反応性免疫細胞が原因である多くの疾患に治療の道が拓ける。前述した多発性硬化症や体のさまざまな部位に炎症を起こす膠原病、関節の炎症で軟骨や骨が破壊されて変形する関節リウマチ、皮膚が炎症し紅斑《こうはん》が全身に出る乾癬《かんせん》など、症状は多様だが、これらはすべて免疫細胞が自分の組織を攻撃してしまうことで起こる自己免疫疾患である。

さらに、自己免疫疾患だけでなく、他のさまざまな疾患や、まだ病気には至っていない人に対する予防的アプローチに応用できるかもしれないとも氏は考えている。研究のターゲットにしている免疫細胞が引き起こす炎症は、数多くの病気の元となるからだ。

村上氏の研究の基幹にあるのは、2008年に発見した、組織の細胞に存在する炎症の発生メカニズムだ。村上氏はこれを「IL－6アンプ」と名付けた。アンプというのは増幅器という意味だ。IL－6は「インターロイキン6」の略語で、組織の細胞が放出する炎症に関係する因子である。

ＩＬ－６の働きを阻害すると、関節リウマチに対して大きな治療効果があることが分かっていた。その分子メカニズムを村上氏らが解明したのだ。

「炎症が起きている場所には、血液中からさまざまな免疫細胞が集まってきます。また、免疫細胞ばかりではなく、組織の細胞からもさまざまな因子が出ます。このような因子とＩＬ－６がお互いに増幅し合い、今度は組織の細胞の中で正のフィードバックが起こり、微小炎症でも慢性炎症につながる可能性があるのです」

まだ、炎症が小さいうちに発見して慢性炎症になるのを阻止することができれば、ほとんどの病気の予防につながる可能性があるという。

「私たちは臨床の研究室と共同で、たくさんの病気が、組織の細胞の中でのＩＬ－６アンプによって引き起こされることを証明してきました。自己免疫疾患だけでなく、メタボリック症候群、精神疾患、認知症、アトピー、アレルギー感染症、肺炎、胃炎、皮膚炎など、対象となる疾患は多岐にわたります。これらを克服することができれば、健康な長寿社会の実現につながります」

主要な病からの解放を目指すプロジェクト

村上氏は、国立研究開発法人日本医療研究開発機構（AMED）の「ムーンショット型研究開発事業」に研究が採択され、「2040年までに、主要な疾患を予防・克服し100歳まで健康不安なく人生を楽しむためのサスティナブルな医療・介護システムを実現するための事業計画を立てている。

「私たちの研究は、病気につながる血管周囲の微小炎症を標的とする量子技術『ニューロモデュレーション医療』による未病時治療法の開発です。まず、病気になる前の小さな炎症を検出します。現在考えているのは、量子生体イメージングや、ナノサイズのダイヤモンドのセンサーや、AIナノポアと呼ばれる検出膜で微小炎症に関連する因子や細胞を検出する方法です。これによって、病気の芽である微小炎症を超早期に見つけます。

さらに、見つけた微小炎症を消し去る技術を開発します。これには、体中に張りめぐらされている神経を利用します。一つは、私たちが見つけたゲートウェイ反射を用いて、特定の神経を人工的に刺激することでゲートを閉じる方法です。もう一つは、アメリカのケビン・トレーシー博士が発見した方法ですが、迷走神経を刺激することで、全身的に免疫細胞の活性化を抑制します。アメリカではすでに臨床研究が行われています。これを日本にも導入したいと考えています」

もしこれが実現したら、どのような未来が待っているのだろうか。

「人生100年時代と言いますが、ただ寿命が延びただけでは幸せな人生とは言えません。このプロジェクトが実現すれば、超早期に病気の芽を摘むことができ、主要な病気から解放されます。人生の質を維持しながら長生きする。一人ひとりが主役として活躍できる社会になるのではないでしょうか」

夢のような話だが、これは神経と免疫の研究で最前線を走る現役の科学者が、自身の研究成果を基に2040年を目標として打ち立てた事業計画だ。期待が膨らむ。年をとっても、健康な生活をあきらめなくてもよい日が来るのだろうか。

「進化学の観点からすると、免疫システムは未だ進化の途中であり、未完成です。自己反応性の免疫細胞が生じてしまうのは仕方がないことだと言えます。しかし、血液検査によって自己反応性免疫細胞の数やどのような臓器に反応するのかを正確にモニタリングできるようになれば、リスクが高い状態の人は休養をとったり環境を変えたりという対策ができます。さらに言えば、自己反応性免疫細胞自体を減らす手立てを見つけることができれば、ストレスに強い状態をつくり出すことができます」

早く実現してほしいが、現状は、自己反応性免疫細胞の数や種類をモニタリングすることはできない。とにかく、ストレスを受けないように努めるしかない。だが、「適度なストレスは必要」だと村上氏は言う。自分の体にとって適度がどのくらいか。研究が進めば、それも分かるようになるのかもしれない。

免疫と心理をつなぐ「分子心理免疫学」

研究室のホームページには、大きく「分子心理免疫学」と書いてある。初めて見る分野名だったが、それもそのはずで、これは村上氏が作った学問分野だった。独立し、研究室を主宰する立場になったときに考えたそうだ。

「ストレスと免疫の関係を発見できたのが面白くて、『病は気から』のメカニズムをもっと知りたいと考えて付けました。他の研究者からは、『そんな名前は学問の領域が狭すぎて、自分で自分の首を絞めるようになるからやめておけ』と忠告されました。神経と免疫が関わっている現象が、重力のゲートウェイ反射の他になかったら困るからです。でも、絶対やりたいと思ったので付けました。付けてよかったと今では思っています」

村上氏が見据えているのは、ストレスが体の不調に関連するメカニズムだけではない。逆に「心地よい状態では、なぜ病気が良くなるのか」など、心理状態が病気にどのような影響を与えるかを明らかにしたいのだと言う。

「たとえば、実際に臨床の場で行われている心理療法の一つに、嫌なことを思い出しながら眼球運動を行うことでトラウマをなくす『EMDR（Eye Movement Desensitization and Reprocessing）』という治療法があります。これがどういう神経回路によるものなのか、近年、その一端が明らかにされ、科学誌『ネイチャー』に発表されました。ストレスがかかったときにより働きやすい神経回路や、逆にそれを抑えるような神経回路もあります。EMDRではストレスを抑制する神経回路を活性化しました。最近になって、そういうことがどんどん分かってきています。ただ、この分野で免疫細胞はそれほどまだ注目されていません。また、自己反応性免疫細胞がストレスによる病態や他の疾患を強めることもあまり知られていません」

話を聞いていると、神経と免疫の組み合わせに大きな可能性が見えてくる。神経を研究している人と免疫を研究している人は、バックグラウンドを異にする。研究手法も違うことが多い。さらに、心理学の研究をしている人が分子メカニズムまで掘り下げることも多くはない。これらの異なる三分野を同時に行う「分子心理免疫学」では、これまでと違う新しい人間の姿が見えてくるのかもしれない。

最後に村上氏に、なぜ「病は気から」を解明したいのかと尋ねると、困ったような顔で笑われた。

「なぜって言われても……。うーん、なぜだろうなあ。心理と病気って確実につながっている。それなのに、よく分かっていないんですよね。登山家がなぜ登るのかと聞かれて『そこに山があるから』って答えるように、分かっていないことが目の前に現れたから、じゃあやろうか、という感じですね」

きっとどんな山が現れても、村上氏は一歩一歩楽しそうに登っていくのだろう。その先に、何が見つかるのか。私たちがどんな未来を迎えることができるのか、今からとても楽しみである。

（取材執筆／平松紘実・寒竹泉美）

III

コンピュータで解く生命

8

遺伝子研究が導く 創薬のかつてない領域

中谷和彦 教授
大阪大学 産業科学研究所

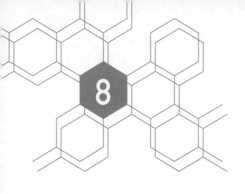

撮影／大島拓也

中谷和彦（なかたに・かずひこ）

1959年奈良県生まれ。1982年大阪市立大学理学部化学科卒業。1987年同大学院理学研究科博士課程研究指導認定退学、理学博士（大阪市立大学）。米・コロンビア大学化学科研究員、財団法人相模中央研究所博士研究員、大阪市立大学理学部助手、京都大学工学研究科助手、助教授などを経て、2005年大阪大学産業科学研究所教授、15年大阪大学産業科学研究所所長、19年より大阪大学理事・副学長。

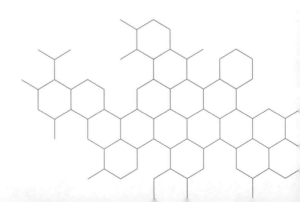

コロナワクチンの根拠となる遺伝子探究

2020年に知られた新型コロナウイルス感染は、あっという間に全世界に広まった。前代未聞の事態発生に危機感に駆られた研究者たちは、いっせいにワクチン開発に取りかかった。とはいえ過去につくられたワクチンはいずれも、開発から承認に至るまでに長い時間がかかっている。だから、開発競争が始まってからわずか1年足らずで新たなワクチン候補が発表されると、世間は驚いた。

だが、驚かない人々もいた。その一人、大阪大学産業科学研究所の中谷和彦教授は次のように語る。

「この10年ほどずっと創薬の新たな流れを見てきた者としては、超短期でのワクチン開発も決して意外な出来事ではありません」

だとすれば、ワクチン開発や創薬、その最先端の現場では今、いったいどのような研究が推し進められているのだろうか。

ファイザー社やモデルナ社が開発したコロナワクチンは、mRNA（メッセンジャーRNA）ワクチンと呼ばれるニュータイプである。ウイルスのmRNAのみを利用する新しいワクチンは、従来のワクチンとは根本的に異なる考え方に基づいている。その背景には、生命現象の根幹とも言える遺伝子についての極めて深い探究がある。

あらゆる生物は遺伝子に支配されている。遺伝子の目的とは自分のコピー作製、すなわち遺伝情報に定められた通りの細胞複製だ。したがって、遺伝情報の伝達過程で何らかの不具合が生じると、本来とは異なる細胞がつくられてしまい、病気となる危険性が生じる。逆に遺伝子の不具合を解消できれば、いわゆる遺伝病をはじめとして、多くの病を治療できる可能性が出てくる。

セントラルドグマが導いた「ミスマッチ塩基対」

生命現象を支配する「セントラルドグマ」と呼ばれる基本原則がある。すべての生物において、ゲノムDNAから遺伝情報がmRNAに転写され、それが翻訳されてタンパク質に伝達される。その一連の情報伝達プロセスがセントラルドグマであり、DNAの二重らせん構造発見の一人であるフランシス・クリックによって1958年に提唱された。

少し基本をおさらいしてみよう。

DNAとは4種の塩基、A（アデニン）、T（チミン）、G（グアニン）とC（シトシン）が鎖のように連なってできる物質である。基本的に、AとT、GとCがそれぞれ対（塩基対）をなし、二重らせんの構造体となる。DNAの二重らせん構造は20世紀の生命科学における最大の発見とされ、その発見者は前述のクリックとジェームズ・ワトソン。彼らには1962年に、ノーベル生理学・医学賞が贈られた。

ヒトのDNAは約30億の塩基対で構成され、この全塩基配列を「ゲノム」と呼ぶ。ただし、ヒトゲノムの中でも遺伝子として意味を持つ部分、つまりタンパク質合成に関わる部分は、全体の約3％に過ぎない。全ゲノムのわずか3％分のDNAによって構成される遺伝子の総数は、ヒトでは約2万2千とされる。

「DNAはいわゆる『ワトソン―クリック塩基対』、すなわちA―T、G―Cの塩基対で構成されています。ただA、T、G、Cの4種類の塩基の組み合わせを単純に考えるなら、

A－T、G－C以外にもG－G、G－A、G－T、C－C、C－A、C－T、A－A、T－Tと、8種類の塩基対がありえます。実際DNAではこうした誤った塩基対が形成されるケースがあり、これは『ミスマッチ塩基対』と呼ばれます。実は、DNA複製過程でのエラーや塩基の損傷などにより、ミスマッチは意外によく発生しているのです」

ミスマッチ塩基対を放置しておくと、遺伝子配列が本来のものから変わってしまうリスクがある。そのため細胞には、ミスマッチ塩基対ができると直ちにこれを排除する仕組みがあるので、通常ならDNAにミスマッチ塩基対はほとんど存在しない。ところが、何らかの理由によってミスマッチ塩基対が生じて残ってしまい、病気を引き起こす場合がある。

知の逆転による徹底したシミュレーション

中谷氏は、25年近く前からこのミスマッチ塩基対に注目してきた。研究当初のテーマは、「ミスマッチ塩基対の位置特定」である。本来のG－C対の代わりに、たとえばG－G対などミスマッチを起こしている場所があれば、その位置を特定する。その手法を次のような考え方で、中谷氏は独自に開発した。

本来のワトソン－クリック塩基対である、Ｇ－Ｃ対やＡ－Ｔ対は強く結合している。これに対して、Ｇ－Ｇなどのミスマッチ塩基対は結合力が弱い。であるならば、たとえばミスマッチ塩基対のＧ－Ｇを構成する二つのＧに対して、相方となっているＧよりも強く働きかける有機分子をつくって結合させれば、ミスマッチ塩基対が起きている部分を特定できる。これが、中谷氏が考案した「ミスマッチ結合分子」の基本的な考え方だ。

「考え方はシンプルで、結合させる分子も低分子で事足ります。だから簡単につくれると考えたのですが、実際にやってみると大違いでした。なぜならミスマッチ塩基対は、ワトソン－クリック塩基対に比べて安定性に著しく欠けていて、常に構造がゆらいでいます。構造のゆらぎとは、分子構造が常に変化している状態を表します。そのため『ミスマッチ認識分子』を設計しようにも、相手の明確な指標が存在しなかったのです」

結合させる相手の構造がしっかり固定されていれば、それに結合する物質の設計は理詰めで決められる。けれども、相手は常に形を変え続ける物質だ。それにぴったりとはまる物質は、いったいどのように設計すればよいのだろうか。

中谷氏はコンピュータを駆使し、ミスマッチ塩基対とそれに結合する分子がお互いに変化する状況を、思いつくままシミュレーションする戦略を採った。コンピュータシミュレーションは今ではごく普通に使われる研究手法だが、中谷氏が取り組んだ約四半世紀前は、そもそも高性能なコンピュータそのものがなかった時代だ。

「ただ幸いなことに、当時所属していた研究室には最新鋭のワークステーションがあり、それを自由に使えました」

その結果開発されたのが、世界初の人工ミスマッチ認識分子「ナフチリジンダイマー（ND）」である。G－Gミスマッチ塩基対に結合するNDの発見を記した論文は2001年『ネイチャー　バイオテクノロジー』誌に掲載された。一つ突破口が開かれると、芋づる式に次の成果が出てきた。ただしこの時点では、これらミスマッチ認識分子が最終的にどのように役立つのかは、まだよく分かっていなかった。

ミスマッチ認識分子による難病治療へ

さらに研究を続ける中で、ミスマッチ認識分子を活用した創薬の可能性が見え始めてきた。それも、これまで不治の病とされてきた難病治療の可能性である。

たとえば「トリヌクレオチドリピート病」と呼ばれる遺伝性の神経変性疾患がある。症状により病名が異なり、舞踏運動などの不随意運動や行動異常、認知障害を伴う場合は「ハンチントン病」、X染色体の異常により精神発達障害や情緒不安定、多動症などを起こすと「脆弱X症候群」、筋強直や筋弛緩など起こす場合には「筋緊張性ジストロフィー」と診断される。いずれも遺伝子配列の異常によって起きる病気である。

人の遺伝子には、特定の三つの塩基が繰り返される配列があり、これは「トリヌクレオチドリピート」と呼ばれる。トリヌクレオチドリピート病とは文字通り、トリヌクレオチドリピートが異常に長く反復される結果、発症する病気である。たとえばトリヌクレオチドリピートの「CAG」が伸びるとハンチントン病、「CGG」なら脆弱X症候群、「CTG」なら筋緊張性ジストロフィーをそれぞれ引き起こす。

CAGリピートは健常な人ではだいたい35リピートであり、これが40リピートを超えるとハンチントン病を発症する確率が高くなる。同様にCGGリピートなら健常者は40リピートまでで、200リピートを超えると発症、CTGリピートでは健常者5〜37リピート、発症者は50リピート以上に伸びている。

不治の病を治せる可能性

なぜ、こうした異常が起こるのか。それは、遺伝子にミスが起きているからだ。つまり生まれ持った遺伝子に異常があり、しかも、DNAに本来備わっているはずの遺伝子の異常を感知し修復する機能が働かない。このような遺伝子疾患は今のところ治療不可能であり、根本的な治療法はもとより進行を抑える術もない。

ところが中谷氏のミスマッチ認識分子を活用すれば、これまで不治の病とされてきた遺伝子疾患トリヌクレオチドリピート病にも、治療の可能性が出てきた。

「我々は、トリヌクレオチドリピート配列に特異的に結合する低分子化合物『ナフチリジン－アザキノロン（NA）』を開発しました。まず、NAを使った化学センサーで『CAG』のリピート回数を計測し、その数値に基づいてハンチントン病を診断できるようになりました」

さらに研究を続けた中谷氏らのグループは、NAに秘められていたハンチントン病の遺伝子異常を是正する効果を発見する。NAは、ハンチントン病特有の異常に長く伸びたC

AGリピートを持つDNA構造に強く結合するため、その結果としてCAGリピートが短縮され、神経変性も抑えられるのだ。

「大阪大学医学部の中森雅之博士との共同研究で、ハンチントン病のマウスモデルの脳の線条体にNAを、一週間おきに四回打ち込みました。その結果、CAGリピートが短縮されたのです。最初にNAを発見してから相当な月日を要しましたが、トリヌクレオチドリピートに関する15年の研究をようやく総まとめできました」

研究成果を活用すれば、応用範囲はハンチントン病だけにとどまらない。トリヌクレオチドリピートが異常に伸びるために発症する病気は、他にもいくつかある。いずれもこれまで根本的な治療法がないとされてきた病である。中谷氏らの革新的な研究成果は、2020年2月『ネイチャー ジェネティクス』に掲載された。

変わり始めた創薬のターゲット

トリヌクレオチドリピートの研究を長年続けてきた中谷氏は、ここ数年の創薬研究に明らかな変化を感じると語る。

「セントラルドグマそのものについての捉え方が変わってきたのです。ヒトゲノムの中でタンパク質になる部分、いわゆる遺伝子とされる部分は全体の約3％、これは従来通りで変わっていません。ところが近年では、残りの部分についての解釈が大きく変わっていて、たとえば『トレジャーDNA』などの新語が使われるようになってきました。従来は遺伝子として使われない部分のDNAはジャンク、すなわちゴミと考えられていたのですが、実はこの中にもヒトが生きていく上で重要な役割を果たしている部分があり、これがトレジャーDNAと呼ばれています。ゲノムの配列解読が終了した2003年以降に世界中で進められてきた、遺伝子の機能解析研究『ENCODEプロジェクト』の成果です。同プロジェクトにより明らかになったのが、ノンコーディング（非翻訳）RNAに秘められた生命維持の重要な機能です」

ノンコーディングRNAとは、タンパク質に翻訳されないRNA、つまりタンパク質に翻訳されるmRNA以外のRNAの総称である。旧来のセントラルドグマでは、遺伝情報はゲノムDNAからmRNAに転写され、それが翻訳されてタンパク質となった。だから遺伝情報を持たないDNAには関心など向けられなかった。ところが遺伝情報を持たない

DNAからでも、RNAは転写されていて、そこにはタンパク質に翻訳されない部分がたくさん含まれている。これが、ノンコーディングRNAである。

「そもそもRNAに転写されないDNAが20％もあることが明らかになりました。とはいえ、これらがどのような機能を持っているのかは、まだ解明されていません。一方でノンコーディングRNAは、ヒトゲノム約30億塩基対のうち、mRNAとなる3％とRNAに転写されないDNA20％分を引いた残り、つまり全体の約76％を占めているのです。ここ数年で分かってきたのが、このノンコーディングRNAが、生命を維持するためのいろいろな機能を持っているという実態です。このように何らかの機能を持つRNAを『機能性ノンコーディングRNA』と呼びます」

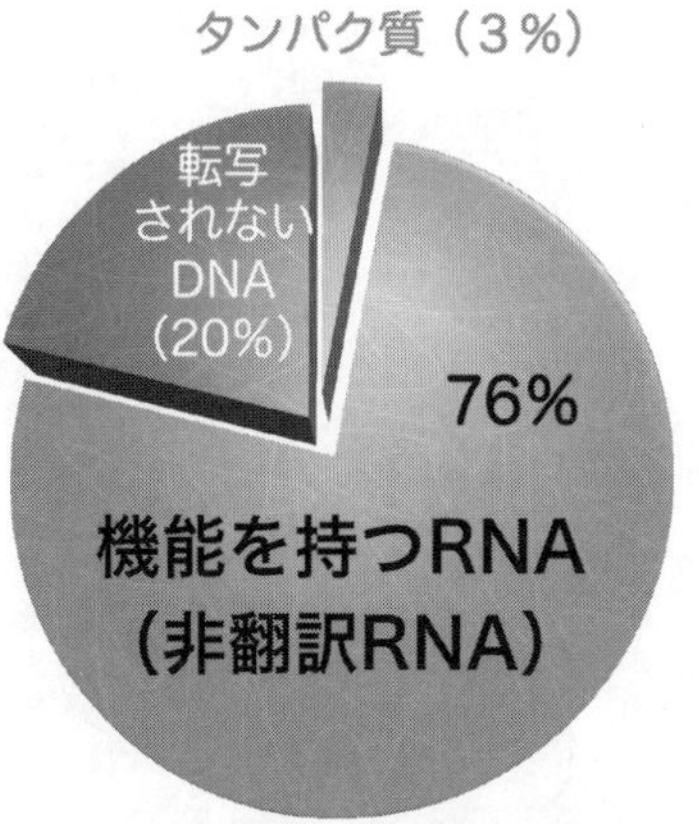

ヒトゲノム、その30億塩基対は上図のように分類される。（中谷氏提供図版）

新たな知見により、トリヌクレオチドリ

ピート病の解釈も従来とは変わってきている。以前はDNAのトリヌクレオチドリピート配列が伸び、それがRNAを介して異常タンパク質を発生させ、その結果としてトリヌクレオチドリピート病を発症すると考えられていた。ところが今では、病気を引き起こす原因は異常タンパク質だけではなく、異常に伸びたRNAが大きく関与している、と考えられている。

「ノンコーディングRNAが示すこのような毒性を、特に『RNA毒性（RNA toxicity）』と呼びます」

RNA毒性を狙い撃つ研究成果

RNAの異常な伸長が原因で病気が起こるなら、その伸びを止めれば病気を防げたり、治療の可能性も出てくる。中谷氏らのグループは、日本人特有の難病とされる「脊髄小脳失調症31型（SCA31）」をテーマとする研究にさらに取り組んだ。

脊髄小脳失調症31型とは、「TGGAA」の5塩基の繰り返し配列が原因で起こる遺伝性の神経変性疾患である。「TGGAA」リピートが転写されると「UGGAA」リピートRNAができる。このリピートRNAが異常な長さとなり、タンパク質をつくるどころか、細胞内のタンパク質をからめ取ってしまう。その結果病気を発症し、手足の震え、歩行時のふらつき、ろれつが回らないなどの運動失調を起こす。神経難病であり、今のところ根本的な治療法はない。

「SCA31発症のメカニズムは、UGGAAリピートRNAにあると明らかになっています。であれば、これに何らかの低分子を結合させれば、発症を抑えられる可能性があります。永井義隆博士（当時・大阪大学、現・近畿大学）、石川欽也博士（東京医科歯科大学）らと共同研究に取り組みました」

これまで独自に開発・蓄積してきたリピート結合低分子化合物のライブラリーを活用して、UGGAAリピートRNAに結合する低分子を探索した。その結果見つかったのが、「ナフチリジンカルバメート二量体（NCD）」である。

「千葉工業大学の河合剛太博士によりUGGAAリピートRNAとNCDの複合体構造が解析されると、NCDがRNAにしっかり結合している様子が明らかになりました。さらにUGGAAリピートとタンパク質の結合をNCDが阻害し、実験モデル動物のショウジ

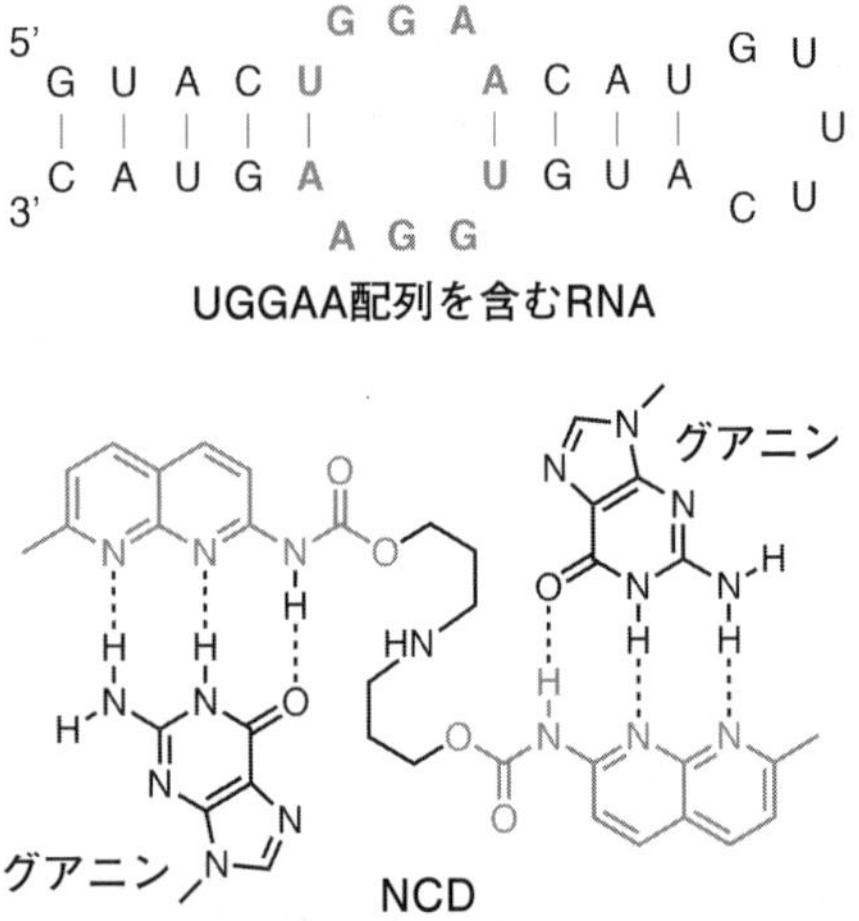

RNAの中にあるUGGAA配列（上）。G（グアニン）をNCDが認識して結合しNCD-RNA複合体構造となる（下）。上図中の「5'」は5'末端、「3'」は3'末端と呼ばれ、核酸のヌクレオチドの末端部分の意。（中谷氏提供図版）

ヨウバエでは、UGGAAリピートがもたらす毒性を緩和する働きも確認されたのです」

　SCA31モデルとなったショウジョウバエの病態は、そのままだと幼虫から成虫になった段階で複眼がドロッと溶け出してしまう。ところが幼虫の餌にNCDを入れておくと、そのような変性が抑えられて成虫になった。NCDにUGGAAリピートとタンパク質の結合を阻害する効果があるなら、創薬に応用できる。DNAとRNAを標的とする創薬は、これまでの薬では治療対象となりえなかった疾患に対しても、新たな治療法となる可能性を秘めている。中谷氏らの研究成果は2021年の『ネイチャー コミュニケーションズ』に掲載された。

このように、創薬も含めて近年大きな注目を集めているのがRNA、それもノンコーディングRNAである。そもそもDNAは遺伝情報の記録媒体に過ぎず、DNA自体に機能はないと言える。セントラルドグマに従うなら、まずはDNAからスタートして、最終的に何らかのタンパク質が合成されて、生命現象に影響が及ぶ。ただしその間には一度、必ずRNAを介する過程がある。そのため、これまでRNAはDNAとタンパク質を仲介する鋳型《いがた》のような存在とされていた。

「ところが、RNA自らが翻訳に関与するなど、鋳型以外にもさまざまな機能を持つ実態が明らかになってきたのです。SCA31の研究でチームを組んだ廣瀬哲郎博士（大阪大学）は、ロング・ノンコーディングRNA（lncRNA）を研究していて、lncRNAには機能の分からないものがたくさんあると言います。一方にはわずかに21〜25の塩基しか連なっていない短いRNAもあります。これはmiRNA（micro-RNA）と呼ばれ、ゲノム上にコードされているけれどもタンパク質には翻訳されない、ノンコーディングRNAです」

新たに何かが発見されると、そこには新しい課題も生まれる。『ENCODEプロジェクト』が始まって以来、膨大な数のノンコーディングRNAの存在が明らかになり、創薬の標的も大きく変わりつつある。

創薬研究の新たな次元へ

こうして中谷氏は、化合物合成の立場から創薬研究に長年関わってきた。その際の標的すなわちターゲットは、以前はハンチントン病のCAGリピートに代表されるようにDNAだった。これが今ではRNAに切り替わってきている。やはり、難しさはここにあるという。

「DNAは二重らせん構造、つまり二本鎖状態の形状であり、いわばお行儀がとても良いのです。これに対してRNAは一本鎖であるため、動きが読めません。つまり極めてお行儀が悪い。構造のよく分からない相手を標的として、それに合う化合物をつくらなければなりません」

創薬の世界では「バイオインフォマティクス」、つまりディープラーニングなどのコンピュータ技術の活用が盛んになっている。RNAの解析でもバイオインフォマティクスを導入すれば、一気に研究が進むように思われがちだ。

「ところがそうはいきません。前述の通り、RNAはふにゃふにゃした一本のひものようなものです。結合先の形が明確に定まっていれば、シミュレーションもしやすいのですが、不定形なので計算量が膨れ上がり、極めて難しいのです」

だからといって手をこまねいているわけにはいかない。2021年12月から、RNAを標的とする創薬データベース作成を目指すAMEDプロジェクトを中谷氏らは立ち上げた。その研究開発課題は「機能解析に基づくRNA標的創薬のための統合DB（データベース）とAIシステムの構築」である。プロジェクトは、氏を含めて共同研究者5名に加えて、製薬企業7社も交えて進められている。

「製薬企業はたいてい100万個ぐらいの化合物を持っています。とはいえ特定のRNAを標的とする際に、いちいち100万全部を調べていてはあまりにも無駄が多い。実際、特定のRNAに結合する化合物は、かなり少ないと想定されます。だからまず、標的とするＲＮＡに焦点を絞り込んだ化合物のライブラリー（＝フォーカストライブラリー）をつくりたいのです。ＡＩの力も借りて、そのデータに解析を加えていく。この作業を繰り返していけば、そのうちＲＮＡとそれに結合する化合物リストができて、それを解析すれば何らかの原理原則が見つかる可能性があります」

中谷氏のように、化学の領域からＲＮＡを標的とした化合物創出に挑戦する科学者は極めて限られている。いわば未踏の領域であり、逆に言えば、かなり難易度の高いチャレンジとなる。もちろん、後継者育成も急務である。

「これまでも独自に研究者チームで、ＲＮＡを標的とする創薬開発に取り組んできました。今回は製薬企業が7社加わってくれたのが、以前とは大きく異なる部分です。企業には低分子創薬のノウハウや、多様な有機低分子化合物ライブラリーが蓄積されています。こうした資源を有効活用しながら研究を進めていけば、核酸を標的とする新たな創薬が強力に推進されると信じています」

未知に挑む。そのモチベーションの源は、「不治」とされる病に苦しむ人を一人でも多く救いたいという、熱い願望だ。

（取材執筆／竹林篤実）

9

タンパク質探究で生命現象の源へ

中村春木
大阪大学名誉教授

撮影／トヨサキジュン

中村春木（なかむら・はるき）

1952年東京都生まれ。1975年東京大学理学部物理学科卒業。1980年東京大学大学院理学系研究科物理学専攻博士課程修了・理学博士。東京大学工学部物理工学科助手、蛋白工学研究所、生物分子工学研究所などを経て、1999年大阪大学蛋白質研究所教授に就任。2014〜18年大阪大学蛋白質研究所・所長。2018年大阪大学名誉教授就任、現在に至る。

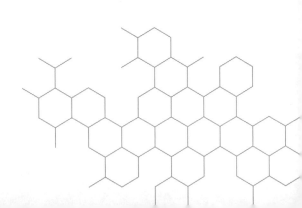

タンパク質研究の中心的存在

タンパク質は、地球上のすべての生命の「中心」を担っている分子だ。もしもタンパク質がなければ、ありとあらゆる生物は生きていくことができない。なぜならば、生物の「形」をつくるのも、その「機能」を発揮するのも、生きていくために外部の「環境」を認識するのも、タンパク質の分子が中心となって働いているからである。

近年、X線を発生する放射光施設が高度化して電子顕微鏡が高性能化したことにより、人類は原子レベルでタンパク質の構造を詳細に見ることができるようになった。また、人工的にタンパク質を合成したり、改造する方法も研究が進み、創薬や医療、化学産業、化粧品や洗剤、食品などの分野で「タンパク質工学」によるイノベーションが次々に生まれている。「生命を形づくり、動かす部品」であるタンパク質の構造を知り、機能を制御することが、人類の社会に大きな革新をもたらす時代となった。

それゆえ近年、目覚ましい発展を続ける生命科学においても、タンパク質の構造とその機能を解析する研究は、世界で最も注目される分野になっている。

日本においてタンパク質研究の「メッカ」と言われているのが、1958年設立の大阪大学蛋白質研究所だ。大阪大学では第二次大戦以前から、理学部と医学部を中心としてタンパク質の研究が盛んに行われてきた。

同研究所に2000年7月に設置されたのが、「日本蛋白質構造データバンク（PDBj：Protein Data Bank Japan）である。この組織は、世界に5つしかないタンパク質データバンクを維持管理する国際研究機関の一つとして、日々、タンパク質の立体構造データを登録・編集し、情報の提供を行っている。

PDB·jの設立を中心となって進めた人物が、2018年に大阪大学を定年退職し、現在同大学の名誉教授である中村春木氏だ。中村氏は2018年まで大阪大学蛋白質研究所の所長を務め、日本蛋白質科学会および日本生物物理学会の会長も歴任した、日本のタンパク質研究の牽引者である。

「PDB」はタンパク質の知の宝庫

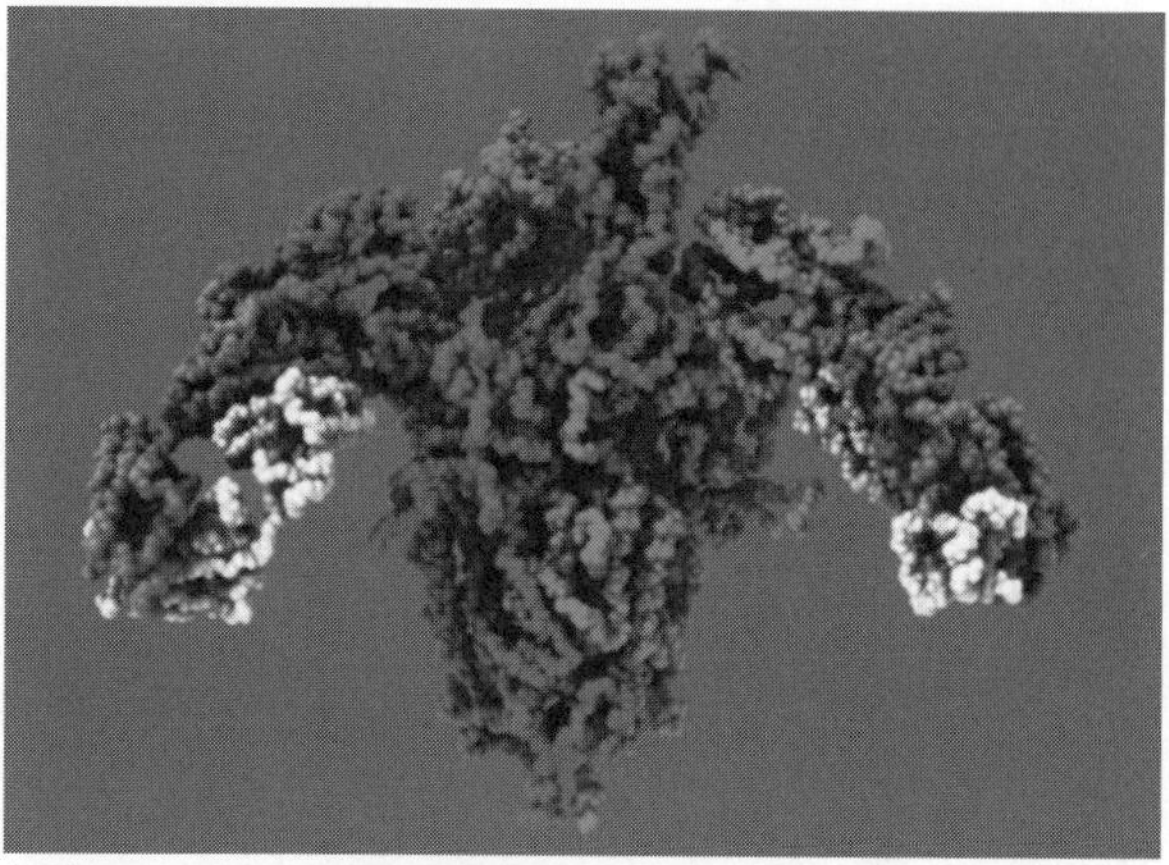

新型コロナウイルスの電子顕微鏡による観測画像から解析された、スパイク蛋白質と抗体の複合体構造（PDBID:7DZY）。（大阪大学蛋白質研究所加藤貴之氏および同大学微生物病研究所D.M.スタンドリー氏による提供画像）

自然界に約10万種類存在すると言われるタンパク質は、生物の細胞の中でDNA（デオキシリボ核酸）の遺伝情報に従って20種類のアミノ酸が鎖状に結合し、3次元の立体構造に折りたたまれる。その構造には柔軟性があり、同じタンパク質でも、パートナーとなる別のタンパク質など相手分子との結合の仕方によって、また時間の経過とともに形が変化する。

そして、構造が変化することによって、生物が生きるために必要なそれぞれの機能を発揮する。つまりすべての生命活動の根幹にはタンパク質の構造があり、その構造の解明は、すなわち生命の秘密に迫ることに直結する。

「タンパク質の構造に関する知識は、いわば『人類の宝』です。そこで、『各研究者が知見を溜め込まず、広く一般にも公開することにしよう』とPDB（Protein Data Bank）と称するデータベースが欧米を中心として1970年代に設立されました。その後、幾度かの組織改変を経て、生体高分子の構造に関するすべての情報を分業体制で集める国際組織『国際蛋白質構造データバンク（wwPDB：worldwide PDB）』の創設につながり、50年以上にわたってPDBが維持され発展してきたわけです」

wwPDB設立には、中村氏も大きく関わっている。20年以上前、スイスのジュネーブで開かれた国際結晶学会の休み時間に、アメリカ、ヨーロッパの研究者と中村氏の3人が、レマン湖のほとりの屋外ベンチで話し合いをした。その会話の中で、「世界共通のフォーマットでタンパク質の立体構造を登録する国際的組織をすぐに立ち上げよう」と意見が一致し、具体的な関連プロジェクトが各国で進んでいったのだ。

そうして大阪大学に設置されたPDBjは現在、米国に2カ所、欧州に2カ所あるデータバンクのメンバーとともにwwPDBの一員として、主にアジア地域の構造生物学研究者から寄せられるタンパク質の立体構造データを登録している。

解析手法としては、X線結晶解析、NMR（核磁気共鳴法）、クライオ電子顕微鏡などが用いられ、原子一つひとつの位置が特定できる解像度のタンパク質構造情報が、PDBには膨大に登録されている。

それらの構造情報は、研究者・教育者・学生・企業を問わず、誰でも無償で利用することができる。2021年には23億6千万件もの登録情報のダウンロードが行われた。最初はわずか7個の登録で始まったタンパク質の構造情報だが、現在では約18万件、毎週数百件のペースでデータが更新されている。人間の体を構成するタンパク質はおよそ6万種類あるといわれるが、そのうち7割程度の構造をすでにPDBはカバーしているという。

近年ではこのデータバンクに登録することが論文発表の条件に定められたこともあり、世界中の生命科学の研究者が、このデータバンクを第一資料として登録・利用している。

グーグルのAI「アルファフォールド」の衝撃

中村氏は、蛋白質研究所の所長として施設の運営全体の責任者を務めると同時に、自身も「タンパク質データ科学」の国内第一人者として研究を続けてきた。氏は、タンパク質研究の最先端で、自然科学のあり方を変える大きな変化が起きていると語る。

「これまで、自然科学の世界には四つの大きなパラダイムがあります。一番目は、古代ギリシャで星を観察することで生み出された『天動説』のように、経験に基づいて自然を記述する考え方。二番目は、ニュートンが発見した万有引力の法則に代表される、数学の微分や積分を応用した理論とその検証による実験によって自然界を記述するやり方。三番目が理研の『富岳《ふがく》』に代表されるスーパーコンピュータによって、複雑な自然現象をシミュレートしCGなどで可視化して理解する方法。そして最後の四番目、現在進行中の新たなパラダイムとして考えられているのが、『ビッグデータを活用したデータ科学』です。タンパク質研究も、この『データ科学』のパラダイムに突入しており、ものすごいスピードで日々進化しています」

近年のデータ科学によるタンパク質研究の最大トピックとして中村氏が挙げるのが、巨大米IT企業グーグル傘下のディープマインド社が2020年に発表した、「アルファフォールド」と呼ばれるAI（人工知能）だ。2016年、ディープマインド社が開発した囲碁AI「アルファ碁」が世界で最も強い棋士を倒したことが大きな話題となったが、アルファフォールドは、世界最高のAI知見を持った企業が本格的に生命科学に参入した取り組みと言える。

アルファフォールドは、タンパク質の立体構造を極めて高い精度で予測できるAIである。タンパク質は先述のように、20種類のアミノ酸が数珠《じゅず》のようにつながった「鎖」が複雑に折りたたまれた構造をしている。その機能や他のタンパク質との結合の仕方は、「形」によって左右されるため、実際に電子顕微鏡やX線解析などを使って構造を「観察」することで調べられてきた。

それに対してアルファフォールドは、DNAの情報からアミノ酸の配列を調べ、これまでに判明している約18万のタンパク質の構造データと照らし合わせることで、極めて高い精度でタンパク質の構造を予測できるようにした。

これにより、塩基配列だけが分かっているタンパク質がどのような形をとるかを調べたり、タンパク質同士がどのような複合体をつくるかシミュレーションを行ったりすることが、コンピュータ上でできるようになった。しかもリアルの実験に比べて、極めて迅速かつ容易に、だ。現在、アルファフォールドの活用によって、今までよりはるかに早く、新たな医療技術やワクチン開発ができると期待されている。

品質を保証するアノテータの検証

アルファフォールドのＡＩアルゴリズムを構築するための「元データ」として重要な役割を果たしているのが、ＰＤＢに蓄積された膨大なタンパク質の構造データに他ならない。中村氏は「タンパク質の研究にデータ科学を導入するには、そのデータが『最新技術によって得られた、正確なデータ』であることが必須です」と語る。

「ビッグデータを使った研究では、非常に膨大な量のデータを扱いますので、その中に精度の低いデータが少々含まれていても、誤差として吸収されるのが通例です。ところが、我々の取り組む生命領域のサイエンスでは、実験数値が一つでも間違っていたら、研究結果に重大な影響を与えます。だからこそ、扱うデータが厳密に正確であるよう、常にデータの正しさを客観的にチェックする仕組みが必要となるのです」

ｗｗＰＤＢにおいてデータ品質の保持という重要な役割を担うのが、「アノテータ」と呼ばれる専門職の人々である。研究者たちは皆、解析したタンパク質のデータ登録を先を争うように望んでいる。だが、そのまま受け入れては玉石混交《ぎょくせきこんこう》で、研究に適さないデータも登録されてしまう。

蛋白質構造データバンクでは、データの登録時にすべての項目をアノテータが一つひとつ確認し、所定の登録条件を備えているかについてチェックする。データの登録は、世界5カ所のPDBで統一のフォーマットに従って行われる。登録されたデータは毎週水曜日のグリニッジ時間0時に、同時にアップデートされ、アカデミアの研究者だけでなく、企業、一般の人を問わず、インターネットにアクセスする環境があれば世界中の誰でも見て自由に利用することができる（クリエイティブ・コモンズのCC0 1.0全世界ライセンス）。こうした水際の確認作業によって、PDBは世界で最も信頼がおけるタンパク質データベースとなっているのである。

「アルファフォールドに加えて、近年では『クライオ電子顕微鏡』と呼ばれる電子顕微鏡の技術が飛躍的に向上し、原子の中でも最小の水素原子まで観察できるようになりました。最新のクライオ電子顕微鏡では、複数のタンパク質の構造を同時に見ることも可能となり、それで取得したデータにアルファフォールドを組み合わせることで、さらにタンパク質についての理解が深まると思われます」と、中村氏は発展を続ける技術についても説明する。

「天然変性タンパク質」の未開拓領域

アルファフォールドは世界のタンパク質の研究者に衝撃をもたらした。だが、決して「万能」ではない。まだまだ開拓が期待されているのがタンパク質という研究領域なのだ。

先にも触れたように、人間を構成するタンパク質のうち、約7割は三次元の立体構造が解明され、PDBに登録済みだ。その中にはヒト以外のバクテリアや猿、マウスなどとも共通する「ホモログ」と呼ばれるタンパク質の構造も含まれるが、かなりの部分が解明されてきたのは確かだ。しかし残りの3割の解明には「大きな課題が残されています」、と中村氏は言う。

「残る3割のタンパク質の大部分を占めるのが、『天然変性タンパク質』と呼ばれる、特定の形を持たないタンパク質です。天然変性タンパク質は、普段は不定形でふにゃふにゃした形をしていますが、パートナーとなるタンパク質と結合するなどの相互作用が働くと、特定の形をとって機能を果たします。構造のフォールディング（折りたたみ）とバインディング（結合）が同時に起こる、こうしたタンパク質の柔らかな構造変化については未だにメカニズムがよく分かっていません」

しかもこれらは、タンパク質の発現後のアミノ酸の「化学修飾」にも関わっているという。化学修飾というのは、タンパク質やDNAなどの一部分を化学的に変化させることだ。それにより、活性や反応性などの機能も変化する。

「タンパク質の柔らかな構造変化が、タンパク質の活性化を制御するリン酸化や、タンパク質の発現を制御するヒストンタンパク質のメチル化にも関わっていることが判明し、注目を集めています。特にヒストンタンパク質のメチル化に関しては、DNAの化学修飾とともに、エピジェネティクスとして近年の生物学で非常にホットなトピックとなっています」

天然変性タンパク質はもともとの形が不定形であるため、従来観察手法として使われてきたX線構造解析では、観察に必要な結晶をつくるのが難しい。そのためスーパーコンピュータを用いた「分子動力学計算」と呼ばれるシミュレーションが行われるようになった。

もともとこの計算方法は、1977年に米理論化学者のマーティン・カープラス教授らのグループが『ネイチャー』に発表した技術であり、複雑なタンパク質や生体分子の振る舞いを、物理法則に基づいてコンピュータ上でシミュレーションする方法を切り拓いてきた。その功績により、カープラス氏は2013年のノーベル化学賞を受賞している。

「これにより、たとえばタンパク質のリン酸化による活性化現象について、実際にそのときタンパク質がどのような形をとっているか、CGで見て構造を理解できるようになりました。最近ではコンピュータで10億ステップにもなる分子動力学計算を行い、非常に大きなタンパク質の動きをシミュレーションするのも可能になっています。こうした計算によって生み出された構造も信頼性が向上したことで、たとえばPDBjが運用する『BSM-Arc』のような専用の公開データベースに格納されて使われるようにもなっています」

医療革新における「インシリコ創薬」への期待

タンパク質の構造変化をコンピュータでシミュレーションする手法は、すでに創薬などにも応用が始まっている。病気の原因となるタンパク質の立体構造をコンピュータ上に再現し、それにうまく結びつく物質を、シミュレーション計算によって何百万種類におよぶ候補の化合物の中から選び出し、合成・設計するのである。

この「インシリコ（in silico）創薬」と呼ばれる手法は1980年代に萌芽があり、現在では創薬の中心技術となりつつある。「in silico」とは「コンピュータ内で」という意味で、通常の生物を用いた実験で言われる「in vivo（生体内で）」や、「in vitro（試験管内で）」という言い方と対照的に用いられている。

「アルファフォールドの登場によって、ゲノム情報が分かればその情報を基にタンパク質の立体構造を推定し、薬が効くかどうかも高い精度で予測できるようになりました。今後、インシリコ技術は、さらなる医療革新を私たちにもたらすはずです」、と中村氏は断言する。

実際にインシリコで、がんの増殖のメカニズムについての基礎研究を行っているのが、2022年4月に大阪大学蛋白質研究所の所長に就任した岡田眞里子教授である。岡田氏はもともと生化学分野の出身だが、「生物の体の中で起こっていることも、結局は化学反応の集積であること」に思い至り、細胞内でさまざまな反応を担うタンパク質である「酵素」の働きについて研究してきた科学者だ。

「これまでのがん治療では、がんの大きさや、進行の度合い、あるいは特定の遺伝子マーカーの有無などによって、投薬する薬の種類や放射線などの治療法が選択されてきました。しかし、そうした分類に基づく治療では患者の予後に大きな違いが生じていることから、個々の患者の遺伝子情報に基づいた、効果的な薬を選べるようになることが急務となっています。そこで私たちは、約400人の乳がん患者の遺伝子のデータを基に、細胞の中でどのような酵素が活性化するかをシミュレーションして、患者ごとに適した薬剤を選べるようにすることを目指した研究を進めています」

岡田氏の研究グループは独自に開発したシミュレーション技術によって、乳がんの予後の悪い「トリプルネガティブ」と呼ばれる患者群において、近年がんの治療に用いられることが増えているEGF（上皮成長因子）受容体阻害剤の感受性が低いことを予測した。その結果は、実際の細胞実験データによって確かめられ、インシリコによる実験の精度の高さが改めて立証されることとなった。

蛋白質研究所の今後について、「生命情報がどのように伝わっていくのか、一つひとつのタンパク質分子の解析だけではなく、その相互作用のネットワークと生命機能との関連を知るために、情報科学やデータ科学を用いたタンパク質研究にも力を入れていきます」、と岡田氏は語る。自身が研究を進める生体内での酵素反応の連鎖も、まさにその相互作用の一つだ。

光合成を解明し「人工光合成」技術へ

蛋白質研究所の研究者が取り組む研究テーマは、医療や生命分野以外にも大きく広がっている。中村氏の後任として、PDBjの統括責任者を2017年から務める栗栖《くりす》源嗣《げんじ》教授は、「植物の光合成のメカニズム」の解明を目指している。

「植物や藻類が行っている、二酸化炭素を取り入れて酸素とエネルギーを生み出す『光合成反応』は、いわば光エネルギーを使って発電する天然の『太陽電池』です。光合成反応で発電に相当する反応は『電子伝達』と呼ばれ、細胞内の巨大な膜タンパク質と、水分に溶ける『電子伝達タンパク質』が担っています。その反応をざっくりと説明すれば、次のようなプロセスになります。細胞の中で水から得られた電子が、光エネルギーを使って『チラコイド膜』という回路を動いていきます。回路の中で電子は膜タンパク質に伝わり、最後の受け手である電子伝達タンパク質にバトンリレーのようにパスされます。発電の結果さまざまな酵素に電力が供給され、植物が生命活動を行うのに必要なエネルギーが生み出されます」

栗栖氏が注目するのは、そのバトンリレーのまさに「パス」の部分だ。

「実際の400メートルリレーに喩えれば、一人ひとりの選手の足が速くても、バトンパスが下手だったり、途中でバトンを落としたりしたら、タイムは上がりませんよね。それと同じで、光合成も実に巧妙に、いろんなタンパク質が相互に連携して、電子という『バトン』を効率よく受け渡しているのです。その『受け渡しの現場』を見ないと、本当の光合成の仕組みは分かりません」

栗栖教授はドイツ・ルール大学とともに2018年、光合成における「電子のパス」の瞬間を観察する国際共同研究を行った。その実験で栗栖氏は、膜タンパク質の間で光のエネルギーにより電子が渡される瞬間を「固定」し可視化することに、世界で初めて成功した。

「このような研究を積み重ねて、光合成の仕組みがより詳細に分かれば、生物の力によって光からエネルギーを生む『人工光合成』技術の発展につながる可能性があります。植物というのは『足』がありませんので、突然強い光が当たっても、逃げることができません。そのため強い光によってエネルギーを『つくりすぎない』ように、エネルギーを捨てる『安全弁』をたくさん持っているんです。その安全弁の仕組みを利用して、海藻が捨てているエネルギーから『水素』を取り出す研究も進めています。現在の世界では、化石燃料を使い続けることが地球温暖化の観点から大きな問題となっています。人工光合成が実用化したり、植物から水素エネルギーが取り出せるようになれば、地球温暖化問題の解決にもつながると期待されます」、と栗栖氏は展望を語る。

生命現象の源としてのタンパク質

タンパク質研究の究極的な意義は、「生命現象をマルチスケールで理解することにあります」、と中村氏は述べる。

「タンパク質はすべての生命現象の源です。病気のときに薬が効いて、症状が良くなる。それは薬の化学物質がタンパク質と結合して構造が変化し、その結果、タンパク質の機能がストップしたり、あるいは強められることで、生体に変化が起こったわけです。複雑な生命現象は、そのタンパク質同士の相互作用のプロセスが分かって初めて完全な理解に到達できます。細胞や細胞内のタンパク質の動きを、さまざまな観測手法を組み合わせて原子レベルで解明することで、統合的な生命現象の理解へとつながるはずです」

もともと中村氏は、東京大学で物理学を研究していたが、大学院から生命科学へと研究の領域を移した。そうしたバックボーンから、「生命現象を、物理の視点で解き明かすことにこの研究の面白みを感じる」と語る。

生命現象も原子レベルでは物理法則に基づいて起きており、だからこそデータ科学やシミュレーション計算で、実際のタンパク質の動きを再現できる。タンパク質の構造解明を通じて生命の秘密に迫る大阪大学蛋白質研究所からは、この先も私たちが驚くような研究成果が生まれ続けるに違いない。

（取材執筆／大越 裕）

Ⅳ

こころといのち

10

身体の外にも広がりゆくこころ

河合俊雄　教授
京都大学　人と社会の未来研究院

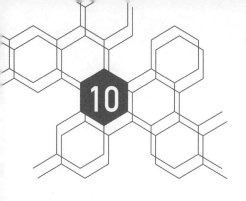

撮影／大島拓也

河合俊雄（かわい・としお）

１９５７年生まれ。１９８２年京都大学大学院教育学研究科修士課程修了、１９８７年チューリヒ大学で博士号（哲学）取得。１９８８年にスイスのカランキーニ精神科で心理療法家として働いたのち、１９９０年より甲南大学文学部助教授を務める。１９９５年京都大学教育学部・教育学研究科助教授、２００４年に同教授を経て、07年より京都大学こころの未来研究センター教授、22年から同センターの改組に伴い、現職（兼副院長）。

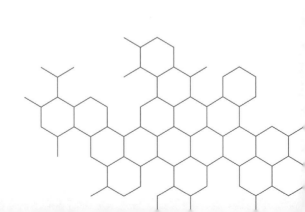

こころに「流行あり」

うつ病や依存症、摂食障害、解離性障害――。こころの働きに関係する病は、種類も症状もさまざまだ。だが、こころの問題に悩み、心理療法を受けに来る人たちの訴えは、まるで流行があるかのように、時代の傾向があるという。

こころの研究者であり、心理療法家として長年多くのクライエントに会ってきた河合氏は、時代とともに変わるこころを見守ってきた。特に流行が分かりやすいのは学生相談の現場である。

30年ほど前は、自傷行為や過食で悩む人が多かった。また、その前には「境界例」と呼ばれる、対人関係に問題を抱えている人たちも多く存在した。だが最近では、それらの相談はほとんどなくなった。代わりに増えてきたのが、「発達障害」である。

発達障害は、脳機能の発達に関係する障害だとされている。その症状は多様で、自閉症スペクトラム障害（自閉症やアスペルガー症候群など）、注意欠陥・多動性障害（ADHD）、学習障害などが該当する。

その中で自閉症スペクトラム障害に近いものは、集中力が高いがこだわりが強くて空気が読めず、コミュニケーションが難しいという特徴を持つ。また、ＡＤＨＤには、衝動的に活動し、物忘れが多く締め切りや約束を守れないという特徴がある。両者の症状は全く異なるが、どちらも脳の発達の違いが原因だと考えられているため、スペクトラムとしての発達障害というカテゴリに入れられている。

自閉症とＡＤＨＤの特徴を読んで、どちらかが自分にも当てはまると思った人もいるかもしれない。発達障害は症状の強さも人それぞれで、日常生活に強く支障が出る人もいれば、社会の中で適応し、自分の特徴を活かして活躍している人もいる。適応できている人に関しては「障害」と呼ぶ必要はないだろう。自閉症の特徴を持っていても、ひとりで集中して作業する技術職なら高い能力を発揮できるし、ＡＤＨＤの特徴を持っていても、時間に縛られないクリエイティブな職業で他の人にはできない仕事であれば、支障はないかもしれない。

だが、このような特徴が強く出てしまったり、活かせない環境であったりすると、対人関係のトラブルや自尊心の喪失などが起こり、つらい思いをしてしまう。ときには就学や就労が困難になったり、うつ病を発症したりすることもある。周りの理解が必要なのが大前提だが、当人が生きやすくなるための心理的な支援も重要だ。

発達障害は、なぜ、増えてきたのだろうか。

病名が多くの人に認知され、相談に来る人が増えたことが第一に考えられるが、河合氏は、興味深い別の理由を教えてくれた。

「発達障害といってもいろいろですが、その多くは『主体』が弱いという特徴を持っています。発達障害や発達障害的な特徴に悩む人が増えてきたのは、時代が変化したからではないでしょうか。終身雇用が当たり前で外から決められた『枠』がしっかりあった時代は、主体性が欠けていても問題にはなりませんでした。コミュニティもしっかり存在して、その中での役割が与えられていたからです。誰と結婚して、どの仕事をするかが、コミュニティの中で必然的に決まっていた。そうなると、主体性なんてなくても困らないわけです。しかし、現代は自然発生的なコミュニティが減って、自分で判断する場面が多くなりました。個人の自由度が増してきた現代だからこそ、主体性の問題があぶり出されていると考えています」

人間は自由の刑に処せられていると述べたのは20世紀の哲学者サルトルだが、自由はある種の人々にとって大きな重荷なのである。

自然発生的なコミュニティとは、ご近所さんの輪のようなゆるいつながりのことだ。家族や仕事仲間のような緊密で必然的な関係とは対照的なものである。人はつながりがないと生きていくことはできない。ゆるいつながりが消滅すれば、必然的なつながりにしがみつくしかない。そうなると、必然的なつながりはさらに緊密さを増していく。この現象を河合氏は、「カルト化」と表現した。

「現代は、家族がカルト化しています。昔なら、おかしな家族がいたら近所の人が『あの家はどうなってるの？』と首を突っ込んでいましたし、子どもも近所の祖父母の家に遊びに行ったりなど、逃げ場がありました。ですが、カルト化した家族には逃げ場がない。歪みはどんどん濃縮されていきます」

一方で、インターネットの発展により、つながろうと思えばいつでもどこへでもつながる手段が生まれた。無数の選択肢と、カルト化したコミュニティ。その両極端のつながりに挟まれた現代では、より強固な主体性が必要になってしまったのだ。

心理療法家とは何者か

発達障害は、先天的な脳の特性が原因であるため、心理療法は有効ではないと長らく考えられてきた。だが、そうではない可能性を河合氏は考えている。

「これまでの心理療法は、クライエントが主体的に自分のこころを見つめ、問題を解決していく内省的なアプローチが中心だったので効果が薄かったのかもしれません。主体性が欠けている発達障害の人には、違う方法論が必要です」

河合氏がセンター長を務めていた京都大学こころの未来研究センターでは、「子どもの発達障害へのプレイセラピー」の研究プロジェクトが行われてきた。発達障害の子どもにプレイセラピーを実施し、その効果を検証しているのだ。その結果、脳機能の生まれつきの特性であると言われている発達障害も、心理療法によって驚くほど改善するケースがあることが分かってきた。

「脳の働きが、人間のこころや行動に大きく影響しているのは確かです。とはいえ、必ずしも脳だけでこころの状態が決まるわけではありません。身体から働きかけることも有効です。こころへの働きかけで行動や考え方が変わっていけば、それがまた脳を良い状態に導いていくこともありえるかもしれません」

プレイセラピーには「箱庭療法」も含まれる。河合氏の父である河合隼雄《はやお》氏が、スイスから日本に持ち帰って広めた治療法だ。

実際に使っている箱庭を見せてもらった。

内側を青く塗った浅い木箱に砂が入っている。部屋の棚には箱庭療法で使うミニチュアの玩具がずらりと並んでいた。テーブルや椅子、車や標識、山や木、動物や人形など、圧倒されるほど大量のさまざまな玩具だ。

クライエントは、セラピストに見守られながら、箱の中に好きな玩具を選んで配置していく。砂を掘れば、青い板が覗くので、それを泉や海や川に見立てることもできる。河合氏が席を外している間に、箱庭を作らせてもらったら、童心に帰って楽しめた。できあがったものは、奇妙で不思議な世界だった。だが、自分でもなぜこのような箱庭を作ったのかが分からなかった。箱庭を作っていたつもりが、途中から箱庭に作らされていたのである。

玩具を配置した箱庭。（上下写真共に撮影・大島拓也）

「箱庭」を作るための大量の玩具。

「箱庭は一度だけの表現でももちろん意味がありますが、実際のセラピーでは何度も連続的に作っていくことで、変化を見ていきます。セラピストが見守っていることも重要です。セラピストが何か働きかけたりすることはほとんどありませんが、誰かと世界をシェアしていることが、クライエントのこころにとって大切なのです」

セラピストは箱庭療法においても、カウンセリングにおいても、ただ見守るだけの存在ではないのだ。見守っているうちに、クライエントの内面から、これまでなかった何かが立ち現れてくる。発達障害の子どもの場合だと主体性の萌芽が生まれることもある。そのときに、立ち上がってきた新たなこころの動きをキャッチするのがセラピストの役割だと河合氏は話す。

本人が自覚していないこころの動きが、何らかの拍子に突然立ち現れる。河合氏はそれを「エマージェント」と表現した。エマージェンスが起こると、こころの問題の改善に向かうきっかけになることが多い。立ち上がったのに、再び「座って」しまうこともあるが、それでも気長にセラピーを続けていくうちに、クライエントは自分で立ち直る力を手にしていく。

ひとりで悩んでいるだけでは、このようなこころの状態にはなりにくいし、エマージェントな動きを発見できない可能性が高い。こころの動きは「シェアされること」が重要なのだ。そのためにセラピストは安全で守られたスペースをクライエントに提供する。

河合氏が心理療法でクライエントと初めて対面したのは、大学院1年のときだ。以来、もう40年近く臨床現場に立ち続けている。研究と臨床を両方行うことの意義を次のように語る。

「セラピーを必要としている人たちは皆、苦しみ悩んでいます。心理療法によってこころへアプローチすることは、普通ではない状態を調査することになります。普通の状態のこころを知ることももちろん大切ですが、普通ではない追い込まれた状態だからこそ、こころのさまざまな側面が見えてくるのです」

さらに、クライエント一人ひとりに向き合い、個々の事情に深く寄り添い関わっていくことでしか、得られない気づきがあると語る。これは、自分が心理療法を行う場合だけでなく、他の人の事例を検討することでも同様だという。

「個別の事例は、非常に大きな力を持っています。事例報告会などでは、クライエントの個人情報が守られる形で治療の経過などを報告しますが、それを見ると、どうしてうまくいったのか、どこで間違えたのかなどがよく分かります。そのような事例検討は、専門家の参考になるだけでなく、一般の人にとっても有効だと思います。どんな人のどんな苦しみが、どんな過程を経て回復したのかという話を本などで具体的に読むと、自分に応用できるようになる。物語の持つ力と言えるかもしれません」

心理学をサイエンスの土台に載せるためには、すべての現象に共通する法則性を見出さなくてはならない。それができない以上、個々の事例は「物語」にしかならない。

だが、こころから生まれた物語は、確実に人の生きる力を引き出している。クライエントが見せてくれるこころの働きは、その場限りの現象なのか、それとも普遍的ないのちの姿なのか。この問いをサイエンスの言葉で答えることは、今はまだできない。

求められるこころの専門家

時代によってこころが変われば、心理療法家の関わり方も変わっていく。これまでは、心理療法家は病院や相談室にいて、訪れる人を待っていた。だが近年では、心理療法家が自ら外に出向き、サービスとして心理療法を提供するアウトリーチの需要も高まっている。災害時のこころのケアや学校におけるスクールカウンセリング、小児科や自己免疫疾患を中心とする内科でのカウンセリング、病院でのターミナルケア、犯罪被害者のサポート、少年院の中での心理療法などがその好例だ。

「病院や介護の現場では、多様な職種の人たちが治療やケアの方法を話し合うカンファレンスを行います。そこにこころの専門家が入ることで、治療やケアがうまく進むことがよくあります」

例として、高齢になった母親が料理を全くしなくなり、片付けもできなくなって人が変わってしまったと悩んでいる人のケースを河合氏は挙げた。真っ先に疑われるのは認知症だが、心理療法家がその人に会って母親の話をよく聞いてみると、発達障害の傾向があることが分かった。人が変わったのではなく、元から片付けができない人だったのである。

これまでは姑が厳しかったおかげできちんとできていた。ところが、姑が亡くなったことで規律のようなものから解かれて自由になり、本来の発達障害傾向が現れてきたのだ。この発見により、問題への対処の仕方も変わり、介護も続けやすくなったという。

人々の不安が高まり、社会も複雑化している現代では、心理療法家が地域や施設に出向いてセラピーを行う需要は増えている。だが、日本ではその意義が十分に認められず、専門家としての地位が低いため、心理療法家が「便利に使われている」ケースも多いと河合氏は話す。臨床家でない人々に心理療法の効果を伝えるには、客観的な指標に基づくデータも要るわけだ。

河合氏が、メタ研究やデータサイエンスにも力を入れているのもそのためだ。大量の論文データを解析して症状や治療の効果の傾向を見出すメタ分析を行ったり、AIの機械学習を使ってカウンセラーとクライエントのやりとりを統計学的に分析したりすることで、興味深いことも分かってきた。

「我々のところでは今、LINEのチャット機能を使った相談も行っていますが、文字として蓄積されたデータをAIで解析することで、よいセラピーと悪いセラピーの違いが見えてきました。テキストの感情特性を判断していく『ポジネガ分析』を行うと、うまくいっているセラピーは、クライエントとセラピストが同調していることが分かります。最初はどちらもネガティブな言葉が多いのですが、最後は一緒にポジティブな言葉が増えていきます。一方、成功しなかったセラピーでは、クライエントはネガティブな言葉が多いのに、セラピストだけ上がってきます。差が開いていくのです」

解析から浮かび上がる傾向は、臨床家にとっては経験的によく知られていることが多い。だが、データを集めてエビデンス（証拠）を示すことで、分野を超えた対話が活発になってきている。

こころとは何か

河合氏は、「こころ」をあえてひらがなで表記する。心という漢字では表しきれない想いがあるからだ。

「こころは、簡単に訳せません。英語の『mind』や『spirit』という言葉でも表しきれません。こころは人と人との関係性によっても変化します。こころはその人の体内だけではなく、外へも広がっているのです」

社会の在り方によって、こころは変わる。国や慣習が違えば、こころの姿も変わる。さらに、日本には人形供養や針供養といった習慣があり、日本人は物や自然の中にもこころを見出す。考えれば考えるほど、こころは限りがない。

こころとは何か。それを知るには、心理学だけでなく、分子生物学や神経生理学などの理系分野からのアプローチも必要だ。さらに、文化・歴史的な視点から背景をひもといていくことも重要になる。

こころの未来研究センターが改組されて新しい組織となった「人と社会の未来研究院」には、神経科学者もいれば仏教学者もいる。公共政策学者や人類学者も所属している。学問の専門が細分化され、心理学の研究者同士でさえ、流派が違えば議論がしにくくなっている今、幅広い領域の研究者が分野を超えて話し合い、学際的な共同研究を進める組織の環境は非常に画期的だ。

学際的にこころを研究する試みは、学内だけにとどまらない。2015年から始まった「京都こころ会議」のシンポジウムでは、毎年さまざまな学問分野からゲストを迎え、一般の人に向けて講演を行い、こころとは何かという問題を提起し続けている。これまで開催してきたシンポジウムのテーマは、「こころと歴史性」、「こころの内と外」、「こころと生き方――自己とは何か」、「こころとArtificial Mind」、「こころと共生」、「こころと限界状況」。議題を並べるだけでも、広く奥深い「こころ観」が見えてくる。

原点となった死の恐怖

河合氏の父は、ユング心理学を日本に普及させた著名な心理学者の河合隼雄氏だ。河合氏にとって、どのような父だったのだろうか。

「家で心理学の話をすることはありませんでしたね。いつも冗談やくだらないダジャレばかり言って、周りを笑わせていました。私はむしろ、『心理学の本は読むな』と言われて育ちました。心理学の本にはある意味、生きることの反応に対する答えや解説が書かれています。それを先に読んだら人生の種明かしになるから面白くないと考えていたのだと思います」

河合氏は数学が得意だった。将来は理系の進路を考えていた。ところが、高校生のときに、幼い頃から向き合ってきた死の恐怖という課題に取り組むにはユング心理学しかないのではないかと思い、心理学の道を歩むことを決めた。

「ちょうどＮＨＫの市民大学講座で、河合隼雄がユング心理学を講義していて、死について喋っているのを目にしました。私はものごころついたときから、人間は死んだらどうなるのかを考え続けてきました。ずっと誰にも言わずにひとりで考えていたのですが、そのときに、人の死について考えるには心理学しかない。そう思ったのです」

河合氏の最初の記憶は2歳の頃だという。自分に意識というものがあると自覚したとたんにそれを失うのが怖くなり、「死とは何か」を考えるようになった。以来、死の恐怖が頭から離れなくなった。

のちに河合氏は、父も、同じ動機で心理学研究者の道に進んだと知ることになる。それは父自身の言葉からだった。詩人の谷川俊太郎氏との対談で、心理療法という仕事を始めた中心には自分の死の恐怖があったと語っていたのだ。話し合ったわけでもないのに、同じ動機から同じ職業を選んだ父と息子。ここにもまた、こころの不思議な働きが表れている。

死後の世界に思いを馳せて恐怖を抱くのは、おそらく人間だけだろう。逆に言えば、死を意識することで初めて、我々人間の生は本来の姿を見せてくれるのかもしれない。

「日本人は、死はすべての終わりではなく、生の世界とつながっていると考えてきました。

昔の人は生と死が循環する世界に生きていました。現在でもお盆の季節になるとお墓参りをして、あの世から祖先を迎えますよね」

現代人の多くは、先祖の魂があの世から帰ってくるという話を本気で信じているわけではないかもしれない。習慣だからやっているだけという人もいるだろう。だが、全く信じていなかったら、掌《てのひら》を合わせてお経を唱えたり、墓をきれいに掃除したりするだろうか？

現代の我々のこころの奥底には、昔から脈々と受け継いだこころが横たわっている。河合氏はそれを「こころの古層」と呼ぶ。

こころは身体の中だけに収まらない。社会ともつながり、過去ともつながる。DNAに刻まれた遺伝子が受け継がれていくように、人間のこころは物語や習慣や社会の在り方を通して受け継がれていく。

「いのちの科学」と題した本書の最後に、こころを取り上げた。これは、人間にとって生きることが、身体の細胞がうまく働いていることだけではないからである。こころが死んだ状態を、我々は「生きている」と表現しない。

いのちについて、河合氏はこのように語る。
「いのちとこころは、ほぼ同義だと考えています。いのちもこころも、実体ではなくて、動いている限り存在します。こころが自分の身体の中だけに収まっていないように、いのちも自分の身体の外にも広がっているものではないでしょうか。セラピーの中で、クライエントさんの内側からこころが立ち上がってきたとき、そこに確かないのちを感じます」

（取材執筆／寒竹泉美）

おわりに

科学の研究者といえば、どのようなイメージを持たれるでしょうか。白衣をまとって、実験室で試験管を見つめていたり、あるいは顕微鏡をじっと覗き込んでいる？　パソコンに向かって何やら難しそうな英語の論文を読んだり書いたり……。

確かに、そんな人もいます。けれども、なかには研究室に入った途端にこちらが「オォ〜ッ！」と声を出してしまった経験もあります。何に驚いたのかといえば、かなり広い部屋で先生の姿が見えず、遠くから「あぁ〜」とうめくような声だけが聞こえてきたのです。ドアを開けてすぐのところには8人ぐらいで囲める大きなテーブルがあり、その上を覆うように書類が散らばっている。その奥には本や書類が、それこそ今にも崩れそうなぐらいに積み上がった山がある。山というより、山脈と言ったほうがいいか。まさか、そんなところに人が、というところから先生の声が聞こえてきたのでした。

そうかと思えば、机の上にはノートパソコンが一台載っているだけで他にはなにもない。しかもパソコンの置き方が机ときれいに平行になっている。その真っ白な部屋には本棚もない。気持ちいいぐらい何もない部屋です。「本も書類もなくて、一体どうやって研究するのですか」と尋ねたら、にっこりと「ここ、で」。その指先には先生ご自身の頭があるのでした。

とにかく研究者とは個性豊かな人、というのは間違いないようです。なにしろ皆さん揃って博士なのだから。ところで博士とは一体どんな人なのか、ご存じでしょうか。


かつてニュートンは、「If I have seen further it is by standing on the shoulders of Giants.」と語りました。遠くを見通せたのは、巨人の肩の上に乗っていたからだというわけです。そして、これこそが博士の定義とも言われています。

巨人の肩とは、先人たちの知の総結集を意味します。その上に乗るためには、特定の分野において、先人研究者たちの知見をすべて学んで身につけなければなりません。その上で遠くを見て、まだ誰も発見していない知見を見つけるのです。

それは、たとえどんなにささいな発見であったとしても、人類の歴史に新たな「知」を確かにもたらしたと先輩研究者たちから認められる。そんな知の発見者だけが得られる称号、それが「Ph.D.（＝博士）」です。人と同じことをやっていたのではだめ、かといって先人の研究を学ばず自分勝手にやっても認められない。生半可な気持ちでは、博士になどなれません。

そんな研究者からこれまで、たくさん話を聞かせてもらいました。ときには研究者たちがグループとなり、一つのテーマをいろいろな角度から掘り下げていくケースもあり、研究者たちの議論を横で聞かせてもらったことも。そのときは文字通り「身のすくむ」思いをしました。

なぜなら、まさにお互いが一歩も引かずに、議論をぶつけ合う姿を目の当たりにしたからです。ぶつけるといっても、決して乱暴な言葉づかいをするわけではありません。けれども、自分が正しいと信じた考えには徹底的にこだわる。相手も同じです。そこに全く違った視点からの考えで切り込んでくる研究者もいる。そんなときには、みんなが一瞬静まり、新たな考えについてしばらく思いをめぐらせている。

しばしの沈思黙考の後に再び戦闘開始。そのうち話しているだけでは収まらないと見たのか、ホワイトボードに描き始める先生がいる。すると、その図の上に朱を入れる人が出てきて……。

議論の場では年の差など全く関係ないようです。教授に准教授が食って掛かるのもごく普通の姿。教授も相手のことを「准教授の分際で」などとは全く考えない。お互いが相手を博士と認めた上で、純粋にロジックとエビデンスに基づいて議論を研ぎ澄ませていく。

本書でご紹介したのも、そんな博士たちです。生命科学の分野では、新たな発見が相次いでいます。なぜなら、この領域は未だに分からないことだらけだからです。そもそも生命の起源が分かっていないのです。だから本書でご紹介した研究は、ここに書かれただけで終わりではありません。自らがさらに先へと進むだけでなく、その研究者たちの肩の上に乗り、次の新たな「知」を見つけようとする研究者も続いている。だから科学の進化には終わりがないのです。

本書で取り上げた10のテーマからも今後、新たな発見が続くはずです。そんなニュースを見かけたときには、ぜひ本書を思い出して、「そういえばどんな話だったっけ」と本棚から引っ張り出してください。『いのちの科学の最前線』は、常に先へ先へと進んでいるはずですから。

本書の完成にあたっては、何よりもまず取材に応じてくださった先生方に感謝します。お忙しい中、本当にありがとうございました。

本書は、朝日新聞出版の編集者、大場葉子さんの発案で始まりました。私たちライター陣をいつも叱咤激励してくれるだけでなく、編集・校正の過程でもとてもご苦労をかけてしまいました。改めて、ここでお礼を述べさせてもらいます。また、原稿を担当してくれたチーム・パスカルのメンバー、写真を提供してくれたカメラマンの皆さんにも、心から感謝します。

そして、ここまで読み通してくださった読者の方へ。初めて見る記号や用語などで途中で何度も「?」と思われたでしょう。けれども今では、生命現象の不思議さに魅力を感じているのではありませんか。最後までお付き合いいただき、ありがとうございました。

2022年4月20日

チーム・パスカル　竹林篤実

チーム・パスカル

2011年に結成された、理系ライターのチーム。大学などの研究機関や幅広い分野にまたがるBtoBメーカーの理系の言葉を、専門的な知識を持たない人にも分かる言葉で届ける翻訳を得意とする。メンバーは、理系出身者と文系出身者の両方で構成され、ノンフィクションライター、ビジネスライター、テックライター、小説家、料理研究家、編集者、メディアリサーチャーなど、多様なバックグラウンドを持つ。サイエンスを限定的なテーマとして扱うのではなく、さまざまな分野と融合させる、多様なストーリーテリングを目指している。

朝日新書
868

いのちの科学《かがく》の最前線《さいぜんせん》

生きていることの不思議に挑む

2022年 6 月30日 第 1 刷発行

著　者　チーム・パスカル

発行者　三宮博信
カバーデザイン　アンスガー・フォルマー　田嶋佳子
印刷所　凸版印刷株式会社
発行所　朝日新聞出版
〒104-8011　東京都中央区築地 5-3-2
電話　03-5541-8832（編集）
　　　03-5540-7793（販売）

Published in Japan by Asahi Shimbun Publications Inc.
ISBN 978-4-02-295179-3
定価はカバーに表示してあります。
落丁・乱丁の場合は弊社業務部（電話03-5540-7800）へご連絡ください。
送料弊社負担にてお取り替えいたします。

朝日新書

ルポ 大谷翔平
日本メディアが知らない「リアル二刀流」の真実

志村朋哉

2021年メジャーリーグMVPのエンゼルス・大谷翔平。米国のファンやメディア、チームメートは「リアル二刀流」をどう捉えているのか。現地メディアだけが報じた一面とは。大谷の番記者経験もある著者が日本ではなかなか伝わらない、その実像に迫る。

自衛隊メンタル教官が教える イライラ・怒りをとる技術

下園壮太

自粛警察やマスク警察など、コロナ禍で強まる「1億総イライラ社会」。怒りやイライラの根底には「疲労」がある。怒りは自分を守ろうとする強力な働きだが、怒りの暴発で人生を棒に振ることもある。怒りのメカニズムを正しく知り、うまくコントロールする実践的方法を解説。

画聖 雪舟の素顔
天橋立図に隠された謎

島尾　新

画聖・雪舟が描いた傑作「天橋立図」は単なる風景画なのか？　地形を含めた詳細すぎる位置情報、明らかに歪められた距離、上空からしか見ることのできない構図……。前代未聞の水墨画を描いた雪舟の生涯を辿りながら、「天橋立図」に隠された謎に迫る。

江戸の組織人
現代企業も官僚機構も、すべて徳川幕府から始まった！

山本博文

武士も巨大機構の歯車の一つに過ぎなかった！　幕府の組織は現代官僚制にも匹敵する高度に発達したものだった。「家格」「上司」「抜擢」「出張」「横領」「利権」「賄賂」「機密」「治安」「告発」「いじめ」から歴史を読み解く、現代人必読の書。

朝日新書

官僚が学んだ究極の組織内サバイバル術

久保田 崇

大人の事情うずまく霞が関で官僚として奮闘してきた著者が、組織内での立ち居振る舞いに悩むビジネスパーソンに向けておくる最強の仕事術。上司、部下、やっかいな取引先に苦しむすべての人へ。人を動かし、自分の目的を実現するための方法論とは。

インテリジェンス都市・江戸
江戸幕府の政治と情報システム

藤田 覚

インテリジェンスを制する者が国を治める。徳川260年の泰平も崩壊も極秘情報をめぐる暗闘の成れの果て。将軍直属の密偵・御庭番、天皇を見張る横目、実は経済スパイだった同心——近世政治史の泰斗が貴重な「隠密報告書」から幕府情報戦略の実相を解き明かす。

ふんどしニッポン
下着をめぐる魂の風俗史

井上章一

男の急所を包む大事な布の話——明治になって服装は西欧化したのにズボンの中は古きニッポンのまま。西洋文明を大和心で咀嚼する和魂洋才は見えないところで深みを増し三島由紀夫に至った。『パンツが見える。』に続き、近代男子下着を多くの図版で論考する。

日本的「勤勉」のワナ
まじめに働いてもなぜ報われないのか

柴田昌治

「主要先進国の平均年収ランキングで22位」が、日本の現実だ。従来のやり方では報われないことが明白になった今、生産性を上げるために何をどう変えればいいのか？「勤勉」が停滞の原因となった背景を明らかにしながら、日本人を幸せにする働き方を提示する。

朝日新書

歴史の予兆を読む

池上　彰
保阪正康

ロシアのウクライナ侵攻は、第3次世界大戦となるのか？　日本の運命は？　歴史にすべての答えがある！　戦争、格差、天皇、気候変動、危機下の指導者――。日本を代表する二人のジャーナリストが厳正に読み解く「時代の潮目」。過去と未来を結ぶ熱論！

外国人差別の現場

安田浩一
安田菜津紀

病死、餓死、自殺……入管での過酷な実態。ネット上にあふれる差別・偏見・陰謀。日本は、外国人を社会の一員として認識したことがあったのか――。「合法」として追い詰め、「犯罪者扱い」してきた外国人政策の歴史。無知と無理解がもたらすヘイトの現状に迫る。

いのちの科学の最前線
生きていることの不思議に挑む

チーム・パスカル

目覚ましい進化を続ける日本のいのちの科学。免疫学、腸内微生物、性染色体、細胞死、遺伝子疾患、粘菌の生態、タンパク質構造、免疫機構、遺伝性制御から「こころの働き」まで、最先端の研究現場で生き物の不思議を究める10人の博士の驚くべき成果に迫る。

永続孤独社会
分断か、つながりか

三浦　展

仕事や恋人で心が満たされないのはなぜか？「つながり」と「分断」から読み解く愛と孤独の社会文化論。人生に夢や希望をもてなくなった若者。コロナ禍があぶり出した格差のリアル。『第四の消費』から10年の検証を経て見えてきた現代の価値観とは。